Salil K. Gupta
Afsana Mondal
Rituparna De

Pragas de plantas medicinais e bioeficácia dos extractos de plantas

Salil K. Gupta
Afsana Mondal
Rituparna De

Pragas de plantas medicinais e bioeficácia dos extractos de plantas

ScienciaScripts

Imprint

Any brand names and product names mentioned in this book are subject to trademark, brand or patent protection and are trademarks or registered trademarks of their respective holders. The use of brand names, product names, common names, trade names, product descriptions etc. even without a particular marking in this work is in no way to be construed to mean that such names may be regarded as unrestricted in respect of trademark and brand protection legislation and could thus be used by anyone.

Cover image: www.ingimage.com

This book is a translation from the original published under ISBN 978-620-6-78552-1.

Publisher:
Sciencia Scripts
is a trademark of
Dodo Books Indian Ocean Ltd. and OmniScriptum S.R.L publishing group

120 High Road, East Finchley, London, N2 9ED, United Kingdom
Str. Armeneasca 28/1, office 1, Chisinau MD-2012, Republic of Moldova, Europe
Printed at: see last page
ISBN: 978-620-6-58686-9

Pragas de plantas medicinais e bioeficácia dos extractos de plantas

Salil Kumar Gupta, Afsana Mondal e Rituparna De

Unidade de Investigação e Extensão de Plantas Medicinais,
Ramakrishna Mission Residential College and Post
Graduate Research Institute, Narendrapur,
Kolkata-700103, Índia

Prefácio dos autores

O presente livro, intitulado *"Pragas de plantas medicinais e bioeficácia de extractos de plantas"*, aborda a ocorrência dos principais insectos e ácaros que atacam as plantas medicinais, a sua sazonalidade e a gestão com extractos de plantas medicinais, com especial referência à sua mortalidade, repelência e ação ovicida. Além disso, foi abordado o seu impacto sobre os benéficos, os agentes de biocontrolo e a bioeficácia contra as pragas de armazenamento e de cogumelos, as pragas médicas e veterinárias, etc. Para além destes aspectos, a conservação das plantas medicinais, o efeito das alterações climáticas nas plantas medicinais, as plantas medicinais numa perspetiva global, etc., são outros aspectos sobre os quais foram lançadas algumas luzes.

Sendo o primeiro livro do género em todo o mundo, fornecerá uma informação resumida sobre os tópicos relevantes e terá um bom impacto nos leitores, motivando-os a realizar mais investigação nas áreas em questão.

Salil Kumar Gupta

Afsana Mondal

&

Rituparna De

Índice

RESUMO

A presente análise intitulada *"Pragas das plantas medicinais e bioeficácia dos extractos de plantas"* incorpora a diversidade de ácaros e insectos nas plantas medicinais no mundo, a sua ocorrência sazonal, o papel dos extractos de plantas medicinais com propriedades pesticidas para combater as pragas de ácaros/insectos, causando mortalidade, repelência, dissuasão do desenvolvimento, etc. Os efeitos desses biopesticidas na natureza, os efeitos da fumigação, a utilização de extractos de plantas medicinais na gestão de pragas de produtos armazenados, a eficácia dos óleos essenciais à base de plantas medicinais com propriedades pesticidas, etc. são outros aspectos abordados nesta revisão. Na medida do possível, foram incluídas informações actualizadas. As áreas com lacunas neste domínio de investigação também foram destacadas. Muito provavelmente, esta é a primeira revisão do género que abrange a informação disponível a nível mundial.

Introdução

As plantas medicinais estão a ganhar importância recentemente em todo o mundo devido ao facto de estarem a ser utilizadas para a preparação de medicamentos à base de plantas por serem seguras e sem efeitos secundários, pelo seu poder curativo de várias doenças do homem e dos seus animais de estimação, bem como para o tratamento de várias perturbações do corpo e da mente relacionadas com o estilo de vida (Gupta, 2005; Gupta & Mondal, 2021). Além disso, as plantas medicinais também têm outras utilizações económicas diferentes, como a preparação de nutracêuticos e alimentos saudáveis em substituição dos tradicionalmente disponíveis e dispendiosos, na preparação de biopesticidas e biorracionais, bem como de agentes aromatizantes, corantes e tintoriais. Cerca de 70-90% das pessoas dos países em desenvolvimento beneficiam das plantas medicinais nos cuidados de saúde (Anon, 2005; Robinson *et al.,* 2001; Heinrich & Jaego, 2015 & Nirmal *et al.,* 2015). De acordo com uma estimativa da OMS, 80% da população do mundo em desenvolvimento depende da medicina tradicional baseada em ervas. O comércio de ervas e produtos à base de plantas está agora estimado em 32,6 mil milhões de dólares americanos por ano e está a aumentar 15% ao ano (Brinckmann, 2016). Os medicamentos à base de plantas são complementares aos medicamentos modernos (Keterere *etal.,* 2010). Estima-se que até 2050 o comércio de ervas/produtos à base de plantas atingirá cerca de 5 triliões de dólares americanos.

Devido às múltiplas utilizações das plantas medicinais, o seu cultivo também está a aumentar para satisfazer a procura crescente, o que, por sua vez, está a provocar vários problemas de pragas causados principalmente por insectos e ácaros. A necessidade atual é conseguir uma gestão eficaz das pragas, evitando a utilização de pesticidas químicos de síntese devido aos efeitos adversos na saúde humana e no ambiente. Atualmente, a tónica é colocada na utilização de biopesticidas e biorreparadores.

Durante as últimas décadas, foram realizados alguns trabalhos sobre a diversidade de ácaros/insectos em plantas medicinais e a sua gestão, mas todos eles estão muito dispersos e até agora não foi tentada uma revisão exaustiva. Daí a razão para a preparação desta revisão, que inclui a diversidade e a sazonalidade de ácaros e insectos em plantas medicinais, juntamente com a potencialidade dos extractos de plantas na gestão de pragas relativamente a essas pragas de culturas agro-horticolas, produtos armazenados, importância medicinal e veterinária. Uma vez que o cultivo de plantas medicinais está a aumentar a um ritmo muito rápido, é essencial cultivar plantas medicinais isentas de pragas para ter uma melhor aceitação no mercado e obter um rendimento rentável. Esta revisão é a primeira do seu género e destacará o estado atual dos conhecimentos e centrar-se-á nas áreas que necessitam da nossa atenção futura. Tentou-se consultar as referências disponíveis, mas pode haver algumas omissões que, se apontadas, poderão ser incorporadas no futuro.

Diversidade de insectos e ácaros em plantas medicinais

Foi realizado um grande número de trabalhos em todo o mundo sobre a diversidade de insectos / ácaros e, através desses trabalhos, muitos insectos / ácaros foram registados. Estes são de facto muitos e apenas alguns deles são mencionados a seguir:-

Gupta *et al.* (2003) registaram 21 espécies de ácaros em 10 géneros e 4 famílias de vegetação de mangal e culturas agro-horticolas da Reserva da Biosfera de Sundarban e muitas das plantas de mangal possuíam propriedades medicinais. Este facto foi ainda reforçado por Ghosh & Gupta (2003) que trabalharam com ácaros de plantas medicinais em Bengala Ocidental. No total, foram registadas 54 espécies pertencentes a 27 géneros de 14 famílias e 3 ordens, das quais 23, 29 e 2 espécies eram fitófagas, predadoras e alimentam-se de fungos, respetivamente. Para além de referências relevantes, foram também discutidos os registos de colecções, a distribuição, a importância biológica, onde quer que tenham sido notados, etc. Outro estudo sobre ácaros fitófagos e predadores da vegetação dos mangais e das culturas agro-horticolas da Reserva da Biosfera de Sundarbans registou 28 espécies de ácaros de 15 géneros e 9 famílias, incluindo várias espécies que ocorrem em plantas dos mangais com propriedades medicinais (Gupta *et al.*, 2004). Numa revisão sobre a ocorrência de afídeos em plantas medicinais no Nordeste da Índia, foi registado um total de 90 espécies/subespécies de afídeos que infestam 95 espéciies de plantas medicinais de 50 famílias de plantas. Todas as espécies de afídeos foram enumeradas juntamente com as suas plantas hospedeiras. Além disso, foi fornecida uma lista separada com o nome das espécies de plantas e as espécies de afídeos registadas em cada uma dessas plantas. Espécies como *Aphis craccivora* Koch, *Aphis gossypii* Glover, *Aphis spiraecola* Patch, *Myzus persicae* (Sulzer), *Aphis nasurtii* (Kaltenbach) e *Toxoptera aurantii* (Bover de Fonscolombe) foram registadas como altamente polífagas, infestando um grande número de plantas medicinais (Ghosh & Singh, 2004). Foram ainda registadas 51 espécies de ácaros de 25 géneros, 15 famílias e 4 ordens em 35 espécies de plantas medicinais da metrópole de Calcutá e das suas áreas adjacentes. Incluíram-se 17 espécies como fitófagas e 31 espécies do grupo predador. Cinco espécies de *Tetranychus* foram registadas em múltiplos hospedeiros. *Amblyseius largoensis* foi a espécie mais dominante. Os autores sugeriram a utilização de espécies predadoras importantes para o biocontrolo de ácaros-praga (Lahiri *et al.*, 2004).

Um compêndio sobre insectos e ácaros de plantas medicinais da Índia foi preparado por Gupta (2005) e forneceu uma informação resumida sobre a diversidade, a ocorrência sazonal e o controlo com biopesticidas. O compêndio incluía um total de 743 espécies de 92 famílias, 383 géneros e 11 ordens conhecidas até então de 300 espécies de plantas medicinais que são amplamente utilizadas para fins terapêuticos no sistema indiano de medicina. No caso dos insectos, todas as espécies foram enumeradas por ordem e, para cada espécie, foram indicados os hospedeiros registados, bem como a sua importância económica. Foram discutidos em pormenor vários aspectos da gestão envolvendo o controlo físico, mecânico, cultural, químico e o controlo com fitopesticidas e predadores. As famílias importantes de insectos que foram registadas em plantas medicinais foram Aleyrodidae (16 spp.), Aphididae (92 spp.), Cercopidae (5 spp.), Cicadellidae (8 spp.), Diaspidae (36 spp.), Coccidae (31 spp.), Margarodidae (10 spp.), Orthziidae (1 sp.), Pseudococcidae (18 spp.), Trachardiidae (5 spp.), Coreidae (1 sp.), Lygaeidae (4 spp.), Mebracidae (6 spp.), Miridae (3 spp.), Pentatomidae (9 spp.), Psylidae (11 spp.), Pyrrhocoridae (1 sp.), Tingidae (4 spp.) - todos da ordem Hemiptera; Acrididae (5 spp.) - da ordem Orthoptera; Termitidae (3 spp.) - da ordem Isoptera; Aelothripidae (4 spp.), Phlaeothripidae (19 spp.),Thripidae (41 spp.) - todos da ordem Thysanoptera; Aegeriidae (1 sp.), Ctenuchidae (1 sp.), Arctiidae (2 spp.), Bombycidae (2 spp.), Cochlidiidae (1 sp.), Cryptophasidae (1 sp.), Danaidae (1 sp.), Eucosmidae (3 spp.),

Gelechiidae (4 spp.), Graciellariidae (1 sp.),

Hesperiidae (2 spp.), Lasiocampidae (2 spp.), Lycaenidae (1 sp.), Metarbeilidae (1 sp.), Noctuidae (17 spp.), Nymphalidae (7 spp.), Papilionidae (3 spp.), Phyctidae (1 sp.), Phyllonistidae (2 spp.), Pieridae (3 spp.), Pyraustidae (10 spp.), Saturnidae (1 sp.), Arctiidae (1 sp.), Sphingidae (3 spp.) - todos da ordem Lepidoptera; Alticidae (1 sp.), Apionidae (2 spp.), Buprestidae (1 sp.), Cantharidae (1 sp.), Cassidae (1 sp.), Cerambycidae (2 spp.), Chrysomelidae (10 spp.), Coccinellidae (5 spp.), Curculionidae (9 spp.), Dermestidae (1 sp.), Scarabidae (1 sp.), Eumolpidae (1 sp.), Galerucidae (5 spp.), Lyctidae (1 sp.), Meloidae (1 sp.), Melolonthidae (5 spp.), Mycetophagidae (1 sp.), Rutelidae (2 spp.), Scolytidae (5 spp.), Tenebrionidae (1 sp.) - todos da ordem Colleoptera; Anthophoridae (2 spp.), Apidae (2 spp.), Vespidae (1 sp.) - todos da ordem Hymenoptera; Agromyzidae (1 sp.), Bombyliidae (4 spp.), Calliphoridae (1 sp.), Syrphidae (6 spp.), Tephritidae (2 spp.) - todos da ordem Diptera.

Das 477 espécies de insectos, as que tinham importância económica (pragas/predadores) eram

Bemisia tabaci (Green), *Aphis craccivora* Koch, *A. gossypii* Glover, A. nerii B.d.F., Kolla vesta (Dist.), *Ferrisia virgata* (Cockrell), *Pianococcus* spp, *Tricentrus bicolor* Dist., *Bagrada eruciferanum* F., *Chrysocoris stollii* (Wolff.), *Nezara viridula* (L.), *Dysdercus cingulatus* (Fab.), *Urentis sentis* Dist, *Scolothrips sexmaculatus* (Pergande), *Diacrisia obliqua* Wlk., *Achaia janata* L., *Helicoverpa armigera* Hubner., *Spodoptera litura* (F.), *Papilio demoleus* L., *Aspidomorpha* spp., *Henosepilachna vignintioctopunctata* F., *Mylocerus* spp., *Bactrocera dorsalis* Hendel.

Os restantes insectos eram de ocorrência casual ou acidental, causando apenas danos menores às plantas medicinais. Os predadores incluíam escaravelhos coccinelídeos, algumas espécies de tripes, algumas espécies de crisopídeos, etc.

Entre as 266 espécies de ácaros registadas em plantas medicinais na Índia, 208 eram fitófagas e 58 pertenciam ao grupo dos predadores. A sua repartição por família, com o número de espécies em cada família, é a seguinte

Tetranychidae (40 spp.), Tenuipalpidae (19 spp.), Tarsonemidae (1 sp.), Eriophyidae (148 spp.) - todos estes pertencem à subordem Prostigmata e são fitófagos por natureza. Os ácaros predadores pertencem a Phytoseiidae (31 spp.), Ascidae (2 spp.), ambas as famílias pertencem à ordem Mesostigmata. Entre os ácaros prostigmatóides predadores registados em plantas medicinais contam-se Anystidae (2 spp.), Bdellidae (2 spp.), Cheyletidae (1 sp.), Cunaxidae (4 spp.), Erythreidae (1 sp.), Eupodidae (1 sp.), Stigmaeidae (5 spp.), Tydeidae (2 spp.), Iolinidae (4 spp.). Entre os outros ácaros das plantas medicinais que se alimentavam de fungos encontravam-se Acaridae (2 spp.), Glycyphagidae (1 sp.). As espécies importantes de pragas foram *Eutetranychus orientalis* Klein, *Tetranychus urticae* Koch, *Tetranychus ludeni* Zacher, *T. neocaledonicus* Andre, *Tetranychus macfarlanei* Baker & Pritchard, *Schizotetranychus cajani* Gupta, *Brevipalpus californicus* (Banks), *Brevipalpus deleoni* Pritchard & Baker, *Brevipalpus phoenicis* (Geij.), *Polyphagotarsonemus latus* (Banks), *Acería litchii*, *Phyllocoptruta oleivora* (Ash.). As espécies predadoras importantes incluíam *Amblyseius largoensis* (Muma), *Amblyseius herbicolus* (Chant), *Euseius ovalis* (Evans), *Transeius tetranychivorus* (Gupta), *Neoseiulus longispinosus* (Evans) - todas em Phytoseiidae, *Cunaxa setirostris* (Hermann) em Cunaxidae. *Agistemus fleschneri* Summers em Stigmaeidae, *Pronematus fleschneri* Baker em Iolinidae, etc.

O autor forneceu informações disponíveis sobre a natureza dos danos causados pelas espécies fitófagas e o comportamento predatório dos ácaros predadores. No que diz respeito às medidas de controlo, foi feita uma discussão pormenorizada sobre a preparação de extractos de plantas utilizando várias plantas medicinais comuns, bem como outras substâncias orgânicas (Gupta, 2005).

Foram registadas na Índia 267 espécies de ácaros de 93 géneros e 18 famílias em plantas medicinais e aromáticas, das quais 208 spp. eram fitófagas e as restantes predadoras. De todas estas, 17 pertenciam à categoria de pragas e 11 eram exclusivamente predadores. Os autores recomendaram uma exploração mais aprofundada dos ácaros predadores e a sua utilização para o controlo de ácaros pragas em plantas medicinais e aromáticas na Índia (Gupta & Karmakar, 2011). Roy *et al.* (2011) registaram um total de 99 espécies em 40 géneros, 17 famílias e 3 ordens, incluindo 33 espécies pertencentes ao grupo fitófago e 66 espécies pertencentes ao grupo predador que ocorrem em 80 espécies de plantas medicinais. Incluía 25 espécies de ácaros não registadas anteriormente na Índia. O autor discutiu a sua associação biológica juntamente com os registos do hospedeiro/habitat. Havia 12 espécies, *Petrobia harti* (Ewing), *Tetranychus hydrangea* Pritchard & Baker, *Tetranychus ludeni* Zacher, *Tetranychus neocaledonicus* Andre, *Tetranychus urticae* Koch, *Oligonychus indicus* (Hirst), *Oligonychus oryzae* em *Cymbopogon winterianus*, *Schizotetranychus hindustanicus* Hirst, *Schizoteranychus cajani* Gupta em *Murraya konegii*, *Panonychus citri* (McGregor) em *Ocimum sanctum* e *Polyphagotarsonemus latus* (Banks) em *Withania somnifera*, foram economicamente importantes.

Gupta (2012), no seu *Handbook on Injurious and Beneficial Mites of Agri-horticultural Crops in India*, relatou a ocorrência de 85 espécies de ácaros em plantas medicinais e aromáticas, das quais 56 e 29 espécies eram de natureza fitófaga e predatória, respetivamente. 4 famílias pertenciam ao grupo dos fitófagos e 8 ao grupo dos predadores. Cada espécie foi discutida em cada uma das espécies de plantas medicinais e aromáticas, fornecendo informações conforme disponíveis ou registadas.

Foram registados alguns ácaros em plantas Asteraceae na província de Hamedan, no Irão. Foram registadas 23 espécies pertencentes a 18 géneros e 15 famílias. As espécies importantes foram *Tetranychus urticae* Koch, *T. turkestani* (Ugarov & Nikolski), *Eutetranychus orientalis* (Klein), *Bryobia mirmoayedii* Khanjani, Gotoh & Kitashima, *B. praetiosa* Koch, *Aegyptobia salicicola* Al-Gboory, *Anystis baccarum* L., *Tydeus caryae* Khanjani & Ueckermann, *Stigmaeus Pilatus* Kuznetzov, *Eupalopsellus ueckermanni* Khanjani, Masoudian & Asali Fayaz, *Eupalopsellus hamedaniensis* Khanjani & Ueckermann, *Raphignathus hecmataniensis* Khanjani & Ueckermann, *Cunaxa capreolus* (Berlese), *Spinibdella cronini* (Baker & Balock), *Erythraeus (Zaracarus)ueckermanni* Saboori, Nowzari & Bagheri Zenouz, *Erythraeus (Erythraeus)mirabi* Khanjani *et al.*, *E. (E.) garmsaricus* Saboori *et al*, *Allothrombium ovatum* Zhang & Xin, *Neoseiulus bicaudus* Wainstein, *Typhlodromus (Anthoseius) iraniensis* Daneshvar & Denmark, *Lasioseius youcefi* Athias-Henriot, *Veigaia nemorensis* (Koch), *Alliphis helleri* (G. & R. Canestrini), *Tetranychus urticae* Koch foram as espécies fitófagas e predadoras mais predominantes (Masaudin & Khanjani, 2013). Um total de 14 espécies de insectos fitófagos e 6 espécies de insectos predadores foram registados na planta Roselli, *Hibiscus sabdariffa* L. no Egipto (Abdel-Moniem & Et- Wahab, 2013). As espécies de pragas pertencentes a *Empoasca* spp., *Maconellicoccus hirsutus* (Green), *Aphis gosypii* Glover, *Bemisia tabacii* (Genn.), *Oxycarenus hyalinipennis* (Costa) e *Earis insulana* (Boisd.). *Polystis* sp. enquanto *Orius* sp.,

Coccinella undecimpunctata (Linn.) e *Scymnus interruptus* (Goeze) foram os principais predadores.

De acordo com os autores, os predadores tiveram um papel importante no controlo das pragas. A espécie pertencente a *Empoasca* foi a espécie de praga mais dominante (Abdel-Moniem & Et- Wahab, 2013).

Sharma *et al.* (2014) relataram alguns insectos de plantas medicinais, entre os quais *Henosepilachna vigintioctopunctata* (Fabr.), *Nezara viridula* (Linn.), *Dysdercus cingulatus* (Fabr.), *Helicoverpa armigera* (Hübner), *Drosicha mangiferae* (Green) e *Podagrica bowringi* Baly. Estes foram recolhidos de plantas medicinais como *Withania somnifera* (L.) Dunal de Himachal Pradesh. O inseto sugou a seiva da planta *Withania somnifera* (L.) Dunal, provocando a secagem das folhas. A *Drosicha mangiferae* (Green) também foi encontrada a atacar *a Withania somnifera*. A planta *Saussurea costus* (Falc.) Lipsch. foi atacada por cochonilhas e semiloucas em Himachal Pradesh. *Thysanoplusia orichalcea, Condica conducta* (Walker), *C. albigutta* (Wileman) e *Alcidodes crinalifer* (Marshall) foram encontrados associados em diferentes locais em Himachal Pradesh. *Papilio* sp. foi registado a danificar *Aegle marmelos* (L.) Correa em Shimla. Algumas outras pragas como *Drosicha,* Pyrrhocorid bug e *Spodoptera litura* (Fabr.) foram registadas em *Digitalis lanata* Ehrh. Ex Kurz, *Celastrus paniculatus* Willd. e *Bacopa monnieri* (L.) Pennell.

Gupta *et al.* (2015) publicaram um relatório sobre ácaros em plantas medicinais que incluía 49 espécies de ácaros recolhidos em diferentes distritos do sul de Bengala. Um total de 22 e 27 espécies representavam grupos fitófagos e predadores, respetivamente. Para cada espécie, foram fornecidas informações sobre registos de hospedeiro/habitat, localidade e importância económica. Foram registadas 8 espécies de insectos pertencentes a 8 géneros, 8 famílias e 2 ordens e 22 espécies de ácaros pertencentes a 10 géneros, 7 famílias e 3 ordens de plantas medicinais utilizadas no sistema de medicina Unani. Nenhuma das espécies de ácaros tinha qualquer importância económica conhecida. Entre os insectos, *Ferrisia virgata* (Cockrell) em *Datura metel, Bagrada* sp. em *Bacopa monnieri, Coccidohystrix insolita* (Green) em *Datura metel, Urentius sentis Disc.* em *Ocimum tenuiflorum* foram pragas importantes nas respectivas plantas hospedeiras (Ahmed *et al,* 2015). Mukhopadhyay & Gupta (2016) estudaram a diversidade de ácaros e insectos associados a plantas medicinais do Jardim de Plantas Medicinais de Narendrapur e do Jardim Agri-Horticultural de Alipur. Este estudo revelou a ocorrência de 33 espécies de ácaros pertencentes a 16 géneros de 5 famílias. Destas, 18 e 15 espécies pertenciam a grupos fitófagos e predadores, respetivamente. Quatro espécies, nomeadamente *Tetranychus urticae* Koch em *Ambroma augusta, T. ludeni* Zacher em *Rauvolfia serpentina, Brevipalpus karachiensis* Chaudhri *et al.* em *Ocimum sanctum* e *Schizotetranychus cajani* Gupta em *Cajanas cajan,* foram pragas importantes. As outras não tinham grande significado económico. Entre as espécies predadoras, as que foram encontradas a alimentarem-se de espécies de pragas foram *Amblyseius largoensis* (Muma) que se alimenta de *Oligonychus indicus, Scapulaseius suknaensis* (Gupta) que se alimenta de *Eotetranychus* sp., *Neoseiulus falacis* (Garman) que se alimenta de ovos de afídeos, *Paraphytoseius orientalis* (Ghai & Menon) que se alimenta de ácaros indeterminados. As espécies de ácaros predadores *Euseius alstoniae* (Gupta) e *Euseius ovalis* (Evans) também foram registadas, mas as suas espécies de presas não eram conhecidas. *Aphis craccivora* Koch foi registada como uma nova praga de *Clerodendrum indicum* (L.) O. Kutze no Nordeste da Índia. Os autores desenvolveram um modelo de regressão múltipla sob as condições agroclimáticas de Jorhat, (Assam) Índia. Tanto os adultos como as ninfas sugam a seiva das folhas e dos rebentos terminais (Borkataki *et al.*, 2016). Mondal & Gupta (2016), no seu estudo sobre a fauna de ácaros de plantas medicinais, registaram 75 espécies em 29 géneros, 12 famílias e 3 ordens. Destas, 35 e 37 espécies pertenciam a grupos fitófagos e predadores, respetivamente. Foram registadas novas plantas hospedeiras e 2 espécies até agora desconhecidas da Índia. *Aulacophora foveicollis* (Lucas) atacou *Clerodendrum indicum* (L.) Kuntze no Nordeste da Índia. A população foi significativamente correlacionada de forma negativa com a temperatura máxima e significativamente correlacionada de forma positiva com a humidade máxima. Foi também desenvolvida uma equação de regressão múltipla para prever a população, Borkataki *et al.* (2016).

A ocorrência de pragas de insectos foi estudada na camomila, *Matricaria chamomilla* L., uma importante planta medicinal no Egipto, que foi cultivada durante 20142015 e 2015-2016, tanto pelo método orgânico como pelo convencional. As pragas de insectos importantes foram o *Aphis gossypii* Glover e o seu predador incluiu o escaravelho coccinelídeo, bem como a aranha. De acordo com o valor do índice H de Shanon-Winer, o cultivo de camomila de alto valor (2,52) foi observado no cultivo convencional em comparação com (2,48) no cultivo orgânico. O valor S correspondente foi de 0,094 e 0,090, respetivamente. Os autores concluíram que se o cultivo de camomila fosse feito de forma orgânica, seria mais ecológico do que o método convencional. As plantas cultivadas em modo de produção biológico apresentavam uma menor infestação de *Aphis* em comparação com as plantas cultivadas convencionalmente. O resultado também foi semelhante no caso do *Thrips tabaci* Lind. Os inimigos naturais, como besouros coccinelídeos, orius e parasitóides, foram encontrados em menor número nas plantas cultivadas em sistema orgânico e convencional durante todo o período de estudo. A população de aranhas foi maior na plantação convencional do que na plantação orgânica. Isso pode ser devido à infestação com pragas de insetos sugadores que eram mais em plantas convencionais do que em plantas orgânicas e que forneciam mais alimentos aos predadores (El-Karim *et al.* ,2017).

As pragas que foram recolhidas em plantas medicinais incluíam *Leptocentrus* sp., *Acrosternum gramineum* Fab., *Tetranychus urticae* Koch, *Helicoverpa armigera* Hub., *Deilephila nerii* Linn., *Nezara viridula* Fab., *Aphisgossypii* Glover, *Lema* sp., *Trilophida annulata* Thumb., *Riptortuspedestris* Fab., *Neorthacris acuticeps* Bol., *Kolla ceylonica* Melichar., etc. As plantas medicinais das quais foram colhidas eram *Withania somnifera* (L.) Dunal, *Asparagus racemosus* Willd., *Tinospora cordifolia* Willd., *Riptortus pedestris* (Fab.), percevejo da vagem, que suga a seiva das bagas causando a sua murchidão. *Dolicoris indicus* Stal. sugou a seiva das folhas tenras de *Withania somnifera*, provocando a secagem das flores. As pragas pertenciam maioritariamente a sugadores e desfolhadores, etc. de Karnataka (Rahaman *et al.* 2017). *Tetranychus ludeni* Zacher foi relatado em plantas medicinais e a bioeficácia foi estudada de cinco extratos de plantas viz. *Azadirachta indica* A. Juss., *Vitex negundo* L., *Clerodendrum inerme* (L.) Gaertn., *Butea monosperma* (Lam.) Taub., *Millettia pinnata* (L.) Panigrahi contra *Tetranychus ludeni* infestando *Rauvolfia serpentina* (L.) Benth. ex. Kurz. Foi registado um total de 29 espécies de ácaros de 11 famílias, representando grupos fitófagos e predadores. Quatro espécies de ácaros foram registadas como pragas prejudiciais. No estudo de bioeficácia, os extractos de *Rauvolfia serpentina* (L.) Benth. ex. Kurz, *Azadirachta indica* A. Juss., *Vitex negundo* L., *Clerodendrum inerme* (L.) Gaertn., *Butea monosperma* (Lam.) Taub, *Millettia pinnata* (L.) Panigrahi foram testados contra *Tetranychus ludeni* em *Rauvolfia serpentina* e em que o extrato de folhas de *Vitex negundo* mostrou a maior mortalidade (98,33%) seguido de *Butea monosperma* (93,33%). Os extractos de *Millettiapinnata* (L.) Panigrahi apresentaram a mortalidade mais baixa (70,00%) (Salma *et al.*, 2017). El-Saeady *et al.* (2017) relataram 32 espécies em 30 géneros, 22 famílias e 9 ordens em *Moringa oleifera* (Lam).

Samaddar *et al.* (2017) registaram ácaros fitofágicos e predadores de algumas plantas medicinais da região de Sundarban, em Bengala Ocidental. Foi registado um total de 32 espécies de ácaros, das quais 17 pertenciam ao grupo fitófago, 25 ao grupo predador e 1 ao grupo de alimentação fúngica. Os autores forneceram os nomes das espécies de plantas medicinais, as suas localidades, a abundância relativa e a natureza da ocorrência de cada uma das espécies de ácaros.

Foi publicado pela primeira vez um compêndio sobre ácaros de plantas medicinais do sul de Bengala, na Índia, que incluía 120 espécies de ácaros pertencentes a 44 géneros, 15 famílias que infestam 158 espécies de plantas medicinais, com dados de recolha, registos de hospedeiro-habitat, importância económica, se existente, e chaves para várias categorias taxonómicas. Incluiu também 9 ácaros tenuipalpidídeos, 2 ácaros fitosseiídeos, 3 ácaros cunaxídeos e 1 género de Tetranychidae que não eram anteriormente conhecidos da Índia (Gupta & Bose, 2017). Gupta & Mondal (2018) exploraram as plantas medicinais do sul de Bengala e registaram 9 espécies de ácaros de 5 géneros, 3 famílias e 2 ordens, anteriormente desconhecidas nas plantas medicinais do sul de Bengala. Estas incluíam 2 espécies de *Oligonychus*, 1 espécie de *Tetranychus* e *Tenuipalpus*, 2 espécies de *Brevipalpus*, 1 espécie de *Dolichotetranychus* - todas eram espécies fitófagas. Para além disso, 2 espécies de *Amblyseius* também estavam presentes como predadores. Os autores discutiram o grau de infestação e a sua importância biológica.

Gahukar (2018) relatou pragas em plantas medicinais, como *Bacopa monnieri* (L.), *Withania somnifera* (L.) Dunal, *Emblica officinalis* Gaertn., *Chlorophytum borivilianum* Santapau & Fernandez, *Rosa chinensis* Jacq, *Mentha arvensis* L., *Jasminum sambac* (L.) Aiton, *Rosemarinus officinalis* L., *Cymbopogon martinii* (Roxb.) Wats. e *Cymbopogon winterianus* Jawitt. Gupta & Mondal (2018) registaram 9 espécies de ácaros em 3 famílias, 6 géneros e 2 ordens. Destas, 7 espécies alimentavam-se de plantas e 2 eram predadoras, tendo sido encontradas em abundância *Oligonychus iseilemae* em *Avicennia alba* e *Tetranychus turkestani* em *Lagestromia speciosa*.

Plusia signata Sab. Foi registada em *Polyanthus tuberosa* L. *Azadirachta indica* A. Juss. que foi atacada por *Parasa hilaris* Westwood. O mosquito do chá, a cochonilha, a cochonilha, a cochonilha-da-espécie e a cochonilha-da-folha foram pragas muito importantes do Neem. *Atmetonychus peregrinus* Olivier foi relatado como pragas de *Terminalia arjuna* Bedd. e *Terminalia tomentosa* W. & A de Ranchi (Kumari & Srinivasa, 2018). *Polytela gloriosae* Linn. foi a principal praga de *Gloriosa superba* Linn. causando graves perdas em Bangalore. Para além disso, *Neorthacris acuticeps* (Bolivar), *Blosyrus inaequalis* Marshall, *Anadevidia peponis* (Fab.), *Graptostethus servus* (Fab.), *L. hospes* e *Chrysocoris stollii* (Wolff) foram encontrados a alimentar *Adhatoda vesica* (L.) Nees em Bangalore. *Arytaina punctipennis* (Crawford) atacou *Indigofera tinctoria* L. causando murchamento e secagem. *Artemisia annua* L. foi atacada por *Plusia orichalcea* (Fab.), *Frankliniella* sp., *Dolycoris indicus* Stal. *Myllocerus lartivirens* Marshall foram registados como novas pragas do Neem em Rajasthan. *Spodoptera litura* (Fab.) em *Bacopa monnieri* (L.) Pennell foi registada como uma praga de Lucknow. *Helicoverpa armigera* (Hub.) e *Plusia orichalcea* (Fab.) foram as pragas mais importantes de *Bunium persicum* (Boiss.) em Himachal Pradesh. *Parasaiseltia nigra* (Nietner) causou danos significativos em *Andrographis paniculata* (Burm. f.) Wall. Ex Nees. em Bangalore. As plântulas de sândalo em viveiro foram atacadas principalmente por 6 espécies de desfolhadores e 2 espécies de insectos sugadores. Foram registadas 11 e 8 espécies de insectos fitófagos em *Coleus* e *Withania somnifera* (L.) Dunal, respetivamente. *Amorites dorsalis* Fab., *Apogonia feruginea* Fab. *e Adoretus palleus* Blanchard danificaram roseiras em Assam. Kulkarni et al. (2008) registaram 13 espécies de insectos em plantas medicinais da região de Konkon, na Índia. Insectos nocivos como *Betousa stylophora* Swinhoe, *Cerciaphis emblica* L., *Indarbela tetraonis* M. e *Virachola isocrates* (Fab.) foram registados como as principais pragas de plantas medicinais em Allahabad. *Betousa stylophora* Swinhoe, *Gracillaria acidula* Meyrick, *Cerciaphis emblica* Schoenherr, *Nipaecoccus vastator* (Marshall), *Oxyrhachis tarandus* Fab., *Myllocerus discolor* Boheman e *Odonternes* spp. foram registados como pragas principais de *Phyllanthus emblica* na Índia. Hegde (2010) registou 54 espécies de insectos na rosa em Bangalore. Estas incluíam tripes, pulgões, moscas brancas, ácaros, escaravelho, etc., todos causando danos às roseiras ao longo do ano. O escaravelho Hadda foi assinalado como uma das principais pragas da *Withania somnifera* (L.) Dunal no Punjab, enquanto a cochonilha e as cochonilhas foram assinaladas em 60 espécies de flores e plantas medicinais. Algumas delas foram consideradas pragas graves de plantas medicinais (Vijay & Suresh, 2013). *O Ocimum sanctum* Linn. foi atacado por lacewing bug, *Cochlochila bullita* (Stal.), *Aleurodicus dispersus* (Russell) e *Macrosiphum* sp. e todos eles atacaram *Ocimum* spp. ao longo do ano em Maharashtra. Foram registadas 12 espécies de afídeos que causaram danos consideráveis em plantas medicinais em Karnataka (Rohini, 2017). Sahu *et al.* (2017) registaram *Phenacoccus solenopsis* Tin. como uma das principais pragas de *W. somnifera*. *Thrips florum* Schmutz foi relatado como a principal praga do Jasmim (Kiran *et al.* 2017). Rehaman (2018) e Sanjita *et al.* (2018) registaram muitas espécies de insectos que danificam plantas medicinais em diferentes partes da Índia. O primeiro relatou 23 espécies de pragas e o último relatou 8 espécies de tripes em *Lepidium sativum* L., Patchouli e linho de Himachal Pradesh (Kumari & Srinivasa, 2018).

Rehaman *et al.* (2018) realizaram um inquérito para descobrir a associação de pragas de insectos com plantas medicinais em Shivamogga, Karnataka. As plantas medicinais que foram pesquisadas foram *Withania somnifera* (L.) Dunal, *Rauvolfia serpentina* (L.) Benth. ex Kurz, *Solanum* sp., *Asparagus racemosus* Willd. e *Tinospora cordifolia* (Thunb.) Millers em diferentes locais durante 2014-15. Cinco espécies de insectos, nomeadamente *Leptocentrus* sp., *Acrosternum gramineum* Fab., *Tetranychus urticae* Koch, *Helicoverpa armigera* (Hub.) e *Deilephila nerii* Linn. foram registadas em *Withania somnifera*. Além destas, três espécies, *Leptocentrus* sp., *Nezara viridula* Fab. e *Aphis gossypii* Glover, foram registadas em *Solanum* sp. e uma espécie, *Lema* sp., foi registada em *Asparagus racemosus*. Todas estas espécies foram colhidas em Machenhalli. Quatro espécies, nomeadamente *Indomia cretaceous* Fst., *Deilephila nerii* Linn., *Trilophida annulate* Thumb. *e Riptortus pedestris* (Fab.) foram registadas em *Rauvolfia serpentina* e duas espécies, nomeadamente *Neorthacris acuticeps* Bol. *e Kolla ceylonica* Melichar. foram registadas em *Tinospora cordifolia*. Quatro espécies, nomeadamente *Henosepilachna vigintioctopunctata* Fab., *Elasmolomus pallens* Dallas, *Spilostethus hospes* Fab. e *Dolicoris indicus* Stal. foram encontradas em *Withania somnifera* no OFRC Shivamogga. De acordo com os autores, as pragas foram categorizadas com base na sua natureza alimentar como desfolhadoras (5 espécies), sugadoras (16 espécies) e alimentadoras de flores e frutos (2 espécies). Os membros da ordem Hemiptera (14 espécies) foram os mais abundantes, seguidos de Orthoptera (três espécies), Lepidoptera (duas espécies), Coleoptera (duas espécies) e Acari (uma espécie) (Rehaman *et al.*, 2018).

Patel *et al.* (2019) estudaram a abundância e o controlo das principais pragas de insectos associadas a plantas medicinais. A traça *Hymenia recurvalis* F. foi um importante desfolhador de *Amaranthus* sp. Três espécies de *Amaranthus*, viz. *A. cruentus*, *A. blitum* e *A. hybridus* foram avaliadas quanto à diversidade e abundância de insectos. 0,125 g de Folha de Neem Aquosa (ANL) p/v; 0,125 g de Cinza de Casca de Neem Aquosa (ANBA) p/v e ANL+ANBA Modificada Aquosa (AMAN) (1:1), todos a 31/25 m2, foram submetidos a bioensaios contra BM usando X-cialotrina a 2,5 ml/25m2 e água como controlos. Os dados recolhidos foram analisados utilizando estatísticas descritivas, ANOVA a P>0,05, juntamente com o índice de Shannon (H), o índice de Simpson (1-D) e o índice de uniformidade. Os autores relataram a ocorrência de sessenta espécies de insectos de 29 famílias e 12 ordens, incluindo 31 desfolhadores, 12 predadores, um parasitoide de pupas *(Apanteles hymeneae)* e 16 espécies não económicas, todas encontradas em espécies de *Amaranthus*. A abundância de espécies em ambas as estações foi BM (2916,8 ± *138,83}> Hypolixus truncatulus* (2262,7 ± 94,1) *>Lixus truncatulus* (2088,7 ± 36,4). Os valores foram avaliados como Shannon (3,52), 1-D (0,96) e índice de uniformidade (0,65). Entre os extratos, aquas folha de nim, casca de nim causam redução significativa da praga.

As pragas de insectos e ácaros de algumas plantas ornamentais com valores medicinais foram comunicadas por Islam *et al.* (2019). Este estudo incluiu 13 espécies de insectos e uma espécie de ácaro da rosa. Estas incluíam tripes, afídeos, vermes dos botões e ácaros vermelhos. No total, foram encontradas 5 espécies de afídeos e tripes como pragas de calêndula e *crisântemo,* respetivamente. *Neotoxoptera oliveri* (Essig.) e *Planococcus citri* (Risso) foram registados na calêndula. Por outro lado, *Trialeurodes vapororioum* Westwood e *Liriomyza trifolii* (Burgess) foram pragas menores. No caso da rosa, *Rhipiphorothrips cruentatus* Hood, *Macrosiphum rosae* Linn, *Helicoverpa virescens* (F.) e *Tetranychus urticae* Koch foram as principais pragas, enquanto *Lindingaspis rossi* (Marshall) (cochonilha), *Edwardsiana rosae* (L.) (cigarrinha), *Oxycetonia versicolor* (F.) (besouro Coleoptera), *Diabrotica undecimpunctata* Mannerheim (besouro), *Merhynchites bicolour* (Fab. & J. C.) (escaravelho), *Orgyia posticus* (Walker) (Lepidoptera), *Achaea janata* (Linn.) (Lepidoptera), *Acleris extensana* (Walker) (Lepidoptera), *Dasineura rhodophaga* (Couuillett) (Diptera), *Megachile anthracina* Smith (Hymenoptera) foram pragas menores. No caso da rosa da China, *Tetranychus urticae* Koch foi a praga principal. As outras pragas menores da rosa da China foram *Thrips hawariiensis* (Morgan), *Aphis gossypii* Glover, *Aleurodicus dugesii* Cockerell (mosca branca), *Oxycarenus laetus* Kirby, *Urentius euonymus* Dist., *Cadmilos retiarius* Distant, todos pertencentes à ordem Hemiptera. *Mylabris phalerata* (Pallas) (Coleoptea), *Euproctis lunata* Walker (Lepidoptera), *Danais charysippus* L. (Lepidoptera), *Polystela gloriosae* (Fab.) (Lepidoptera), *Liriomyza trifolii* (Burgess) (Diptera) foram também as pragas menores da rosa da China. *Frankiniella* sp. (tripes), *Macrosiphoniella sanborni* (Gillette), *Helicoverpa armigera* (Hub.), *Spilosoma obliqua* (Walker), ambos Lepidoptera, foram as pragas menores (Islam *et al.,* 2019). Mondal & Gupta (2019) registaram ácaros em plantas medicinais dos distritos de Purulia e Bankura, no sul de Bengala, na Índia. Um total de 30 espécies em 19 géneros, 9 famílias e 4 ordens foram registadas em 27 espécies de plantas medicinais. Destas, 11 e 17 espécies representavam grupos fitófagos e predadores, respetivamente, e 2 representavam alimentadores de fungos. Oito espécies foram consideradas relativamente mais abundantes. Foram também publicadas chaves para diferentes taxa.

Klingeman *et al.* (2020) relataram a presença de cochonilhas em plantas ornamentais medicinais. O exame dos registos mantidos na Rede Nacional de Diagnóstico de Plantas (NPDN) e no Repositório Nacional de Dados (NDR) durante quase 15 anos forneceu informações sobre cochonilhas. Foram registados 10 671 registos de 192 espécies de cochonilhas e 23 espécies suspeitas em plantas ornamentais. A grande diversidade de espécies dificultou a formação adequada de técnicos de diagnóstico para garantir a exatidão da identificação das espécies. Também dificultou as iniciativas de sensibilização e o desenvolvimento de recursos. Os 60 táxones de insectos moles, armados, cochonilhas e outros insectos cochonilhas mais frequentemente diagnosticados nos registos NDR foram listados de modo a concentrar os esforços futuros na criação de materiais de divulgação e guias de formação em diagnóstico. Os dados dos serviços de diagnóstico da Geórgia, Carolina do Norte, Carolina do Sul e Tennessee permitiram obter informações mais pormenorizadas sobre os locais ou categorias de clientes de onde provinham as amostras apresentadas.

Com base nas descobertas e em guias ricos em imagens e baseados na Web, foram criados os táxons importantes de insectos de escala na parte sudeste dos Estados Unidos. Esses guias descreveriam os ciclos de vida, os hábitos e a biologia das espécies de pragas. Estes recursos em linha poderiam ser utilizados para melhorar os esforços de gestão das pragas (Klingeman *et al.*, 2020).

No seu livro sobre ácaros e nemátodos de plantas medicinais, Gupta & Mondal (2021) abordaram diversos aspectos dos ácaros, incluindo a diversidade, a ocorrência sazonal, a gestão orgânica, a natureza dos danos, a gama de hospedeiros, etc. Foram tratadas 440 espécies de ácaros de 122 géneros, 21 famílias e 3 ordens, incluindo 51 espécies que não tinham sido anteriormente registadas na Índia. Entre as 440 espécies, 318 e 114 espécies pertenciam aos grupos fitófago e predador, respetivamente, enquanto 9 espécies se alimentavam de fungos. Foram identificadas 10 espécies que eram pragas importantes, nomeadamente *Tetranychus urticae, Tetranychus ludeni, Tetranychus neocaledonicus, Schizotetranychus cajani, Oligonychus biharensis, Polyphagotarsonemus latus, Brevipalpus phoenicis, Aceria cajani* e 5 espécies que eram bons predadores do ponto de vista biológico. Cada espécie foi discutida com as suas referências importantes, diagnóstico, distribuição e observações biológicas. Para além disso, foram também apresentados a diversidade de ácaros, géneros e espécies registados em plantas medicinais na Índia, a diversidade de famílias de plantas medicinais juntamente com o número de espécies de plantas em cada uma delas, com espécies/géneros/famílias de ácaros registados em cada uma dessas famílias, a distribuição de ácaros em diferentes estados indianos, etc. Foi discutida a ocorrência sazonal, com base em dados de 2 anos, de alguns ácaros fitófagos e predadores em 5 espécies de plantas medicinais. Finalmente, foram também discutidos os resultados de 24 experiências laboratoriais efectuadas sobre a bioeficácia das plantas medicinais e da EPF em 5 espécies de ácaros. Estas experiências incluíram a bioeficácia dos extractos de plantas e do EPF para provocar a mortalidade (10 experiências), a ação ovicida (2 experiências), a repelência (6 experiências), a dissuasão do desenvolvimento (4 experiências), etc. Os resultados breves desses estudos foram incluídos nos respectivos subtítulos desta revisão.

A atividade de pragas de insectos em plântulas de *Hibiscus rosa-sinensis* L. em viveiros de plantas foi estudada por Taylo & Magdalita (2021). Este estudo foi realizado para identificar a fauna de insectos pragas comuns que atacaram 119 germoplasmas de Hibiscus causando danos significativos às plantas maduras. No Viveiro do IPB, foi mantida a população reprodutora de Hibiscus. Em cada amostra, a presença de pragas de insectos foi registada em meses secos durante fevereiro de 2014 e janeiro de 2015. Os resultados revelaram uma elevada percentagem de prevalência de insectos de escamas moles, cochonilhas e escaravelhos. Entre as variedades estrangeiras lançadas, as variedades lançadas pela IPB, os híbridos experimentais da IPB e os acessos locais, a percentagem média de incidência dos insectos variou entre 20 e 80%. A cigarrinha, os pulgões e a traça-das-touceiras foram as outras pragas pouco frequentes que precisavam de ser vigiadas. A estação seca (janeiro de 2015) foi marcada por uma elevada ocorrência de pragas de insectos. O estudo destacou a importância da população de insectos-praga e implementou uma estratégia de gestão de pragas (Taylo & Magdalita, 2021).

No sul de Bengala, foram registadas 36 espécies de 15 géneros e 7 famílias de ácaros, dos quais alguns dos ácaros predadores importantes são *Amblyseius largoensis* Muma, *Neoseiulus longispinosus* (Evans), *Euseius finlandicus* (Oud.), *Euseius alstoniae* (Gupta) e *Euseius coccineae* (Gupta) (Mondal & Gupta, 2021). Samaddar *et al.* (2021) registaram ácaros predadores em plantas medicinais e plantas aromáticas da Reserva da Biosfera de Sundarban. Os ácaros predadores pertenciam a Phytoseiidae 26 spp., 4 em Bdellidae, 5 em Cunaxiidae, 2 em Erythraeidae, 1 em Eupodidae, Iolinidae, Raphignathidae e 2 em Stigmaeidae. Os dados de recolha e as notas biológicas foram fornecidos para cada espécie. Gupta & Mondal (2021) publicaram uma lista de controlo dos ácaros que ocorrem em plantas medicinais na Índia. Esta lista incluía 749 espécies (incluindo grupos fitófagos e predadores) em 186 géneros, 24 famílias e 3 ordens de 493 espécies de plantas medicinais, representando 33 estados da Índia. Para cada espécie, foram fornecidas referências relevantes, registos de hospedeiro/habitat, dados de distribuição, etc. Incluiu 14 espécies de 4 famílias que não tinham sido registadas anteriormente na Índia. Forneceu uma lista de espécies de plantas medicinais (com famílias e propriedades medicinais para cada uma, juntamente com espécies de ácaros registadas em cada planta). A importância económica das espécies de pragas e predadores também foi destacada. A maioria das espécies de plantas em que os ácaros foram registados constituíram novos registos de hospedeiro/habitat. A distribuição dos ácaros por família foi a seguinte: Tetranychidae (52 espécies), Tenuipalpidae (55 spp.), Tarsonemidae (7 spp.), Eriophoidea (421 spp.), ou seja, um total de 535 espécies do grupo fitófago. Os grupos predadores foram representados por Anystidae (4 spp.), Bdellidae (3 spp.), Cheyletidae (4 spp.), Cunaxiidae (14 spp.), Erythraeidae (4 spp.), Eupodidae (1 sp.), Iolinidae (8 spp.), Raphignathidae (1 sp.), Stigmaeidae (9 spp.), Tydeidae (5 spp.) - todos da ordem Trombidiformes, subordem Prostigmata; Ascidae (1 sp.), Blattisociidae (4 spp.), Melicharidae (1 sp.), Phytoseiidae (149 spp.), Ameroseiidae (1 sp.) - todos da ordem Mesostigmata. Os grupos que se alimentam de fungos incluem Glycyphagidae (2 spp.), Suidaseiidae (1 sp.) e Acaridae (2 spp.).

Mondal & Gupta (2021) publicaram uma nota sobre ácaros predadores que ocorrem em plantas medicinais no sul de Bengala. Foram registadas 36 espécies pertencentes a 15 géneros, 7 famílias e 3 ordens. Entre as espécies, *Amblyseius largoensis, Neoseiulus longispinosus, Euseius finlandicus, Euseius alstoniae* e *Euseius coccineae* foram os predadores mais abundantes e importantes e os autores sugeriram a sua conservação para efeitos de biocontrolo. Sengupta & Gupta (2022) registaram 20 espécies de ácaros pertencentes a 15 géneros, 8 famílias e 3 ordens, bem como 11 espécies de insectos pertencentes a outros tantos géneros, 9 famílias e 3 ordens. Entre estas, 11 espécies de ácaros eram fitófagas, 7 pertenciam ao grupo dos predadores e 2 alimentavam-se de fungos. Entre os ácaros, 3 espécies, nomeadamente *Panonychus citri, Polyphagotarsonemus latus* e *Tetranychus ludeni*, foram as pragas mais importantes e as outras foram de ocorrência casual. Os autores forneceram uma lista de insectos hospedeiros.

Gupta & Mondal (2022) registaram 86 espécies de ácaros de 16 famílias e 37 géneros em plantas medicinais e orquídeas do sopé dos Himalaias (Bengala Ocidental). Este registo incluía 2 espécies anteriormente desconhecidas da Índia. Foram registadas 35 espécies e 48 espécies que representavam grupos fitófagos e predadores, respetivamente. A maioria das espécies de plantas em que estes ácaros foram registados representavam novos registos de hospedeiros/habitats. Entre as espécies fitófagas, as espécies causadoras de danos foram *Schizotetranychus baltazari* Rimando em *Panisea uniflora* Lindl.,

Tetranychus macfarlanei Baker & Pritchard *em Eupatorium adenophorum* (Spreng.) King & H. Rob, *Tetranychus neocaledonicus* Andre em *Cinchona officinalis* L., *Tetranychus urticae* Koch em *Rosa indica* L. e *Rauvolfia serpentina* (L.) Benth. ex. Kurz e *Panonychus citri* (McGregor) em *Carica papaya* L. e *Citrus sinensis* (L.) Osbeck. A representação de espécies de ácaros das famílias Tarsonemidae e Eriophyidae foi muito menor em comparação com outras famílias e, portanto, essas famílias precisam de estudos mais aprofundados. Os ácaros relatados em orquídeas foram *Eotetranuchus hirsti, Brevipalpus phoenicis, Agistemus macrommatus* e *Paraamblyseius mumai* em *Cymbidium devonianum, Cymbidium pendulum* e *Dendrobium nobile.*

Gupta *et al.* (2022), no seu livro sobre ácaros associados a plantas do nordeste da Índia, referiram uma série de ácaros fitófagos e predadores do nordeste da Índia.

Sultana *et al.* (2022) registaram 37 espécies de ácaros em 22 géneros, 9 famílias e 2 ordens, bem como 17 espécies de insetos em 14 géneros, 11 famílias e 3 ordens de 99 espécies de plantas medicinais cultivadas em 3 jardins de plantas medicinais da Missão R. K., Narendrapur, recolhidas entre novembro de 2021 e dezembro de 2022. Entre as 37 espécies de ácaros, 23 espécies eram fitófagas e 13 espécies eram predadoras. As espécies que foram consideradas economicamente importantes e encontradas em abundância foram *Brevipalpus phoenicis* (Geijks), *Petrobia harti* (Ewing), *Steneotarsonemus spinki* Smiley e *Aceria guerreronis* Keifer e todas elas foram consideradas pragas graves que causam danos às respetivas plantas hospedeiras. *Gynaeseius eharai* (Gupta), *Amblyseius largoensis* (Muma), *Euseius finlandicus* (Oudemans) foram considerados ácaros predadores promissores que se alimentam de ácaros tetraniquídeos e eriofídeos. Entre os insetos, 16 espécies pertenciam ao grupo dos fitófagos e uma ao grupo dos predadores. As espécies *Aphis nerii* (B.d.F.), *Aspidiotus destructor* Signoret, *Kolla vesta* (Distant) ocorreram abundantemente nas plantas medicinais, causando graves danos às plantas hospedeiras. Incluiu alguns registos de hospedeiros/habitats em que a ocorrência das respectivas espécies de ácaros era anteriormente desconhecida.

Ocorrência sazonal de pragas em plantas medicinais

Os trabalhos realizados sobre a ocorrência sazonal de insectos/ácaros são poucos e alguns dos mais importantes são mencionados a seguir:-

Ghosal *et al.* (2004) estudaram a abundância sazonal de ácaros fitófagos e predadores em alguma vegetação de mangal na Reserva da Biosfera de Sundarban durante 2001-2002. Todas as 4 plantas de mangal são conhecidas pelos seus valores terapêuticos. A correlação com a temperatura, a humidade relativa e a pluviosidade, bem como entre ácaros fitófagos e predadores, foi calculada e apresentada juntamente com a flutuação mensal da população. A ocorrência sazonal de *Henosepilachna vigintioctopunctata* em *Withania somnifera* juntamente com os seus parasitóides *Pediobius foveolatus* indicou que os parasitóides causaram $51,94 \pm 12,20$ % de parasitismo. A praga *H. vigintioctopunctata* completou seu ciclo de vida em $20,15 \pm 1,50$ dias com longevidade de $22,07 \pm 3,17$ dias para o macho e $31,07 \pm 4,38$ dias para a fêmea. A fecundidade média foi de $287,64 \pm 33,38$ ovos por fêmea durante o período de oviposição de $10,40 \pm 2,80$ dias. O pico populacional ocorreu em agosto, durante o período de estudo de 2004-2005 (Venkatesha, 2006).

Noutro estudo sobre a flutuação sazonal de *Anosia chrysippus* Linn. infestando *Calotropis procera* (Ait.) R. Br. foi feito com especial referência ao impacto dos factores abióticos na flutuação da população em Jammu e Caxemira. A praga foi observada ao longo de todo o ano. O pico foi atingido em setembro-outubro (3,04 larvas por galho) e o 2nd pico foi atingido em abril-maio (4,94 larvas/galho). A temperatura teve uma correlação positiva com a população, enquanto a humidade e a precipitação tiveram uma correlação negativa. Por conseguinte, os factores abióticos desempenharam um papel importante na flutuação da população do inseto (Sudan *etal.*, 2015). A incidência sazonal e a intensidade dos danos do percevejo-de-renda, *Cochlochila bullita* (Stal), que infesta o manjericão, *Ocimum basilicum* L., foram estudadas e verificou-se que a incidência começou em 2014 e continuou até 2015. O autor estudou a intensidade dos danos e estimou o rendimento de erva fresca, fornecendo proteção à planta utilizando Profenophos 50 EC@ 1 ml/L e foi pulverizado a intervalos quinzenais. As culturas protegidas e não protegidas produziram 5,4 toneladas/ha e 3,6 toneladas/ha, respetivamente (Kumari *et al.*, 2016). Num estudo sobre a ocorrência sazonal e a gestão de *Tetranychus urticae* em roseiras, foi referido que a temperatura média, máxima e mínima teve uma influência significativa na população de *T. urticae* e tripes, com valores de r (r= 0,721**) para *T. urticae* e r= 0,768** para a população de tripes. A temperatura mínima, a UR (noite) e a precipitação tiveram um efeito significativo altamente negativo na população de ácaros com r= -0,500**, - 0,684** e -0,568**, no caso da temperatura máxima e da UR média (manhã) tiveram um efeito negativo na população de ácaros com valores de r= -0,014 e -0,219. A eficácia relativa dos insecticidas contra *T. urticae* mostrou que o imidaclopride 200SL (0,0025%) foi o mais eficaz na redução da população de ácaros, seguido pelo dimetoato 30EC (0,05%), curbosulfan 25EC (0,03%) e novaluron 10EC (50g a.i/ha). O óleo de neem (0,05%) foi o menos eficaz (Norboo *et al.* 2017). Num estudo sobre a abundância populacional de cochonilhas que infestam a romã e um predador associado no Egipto. A análise estatística entre as quatro estações para as espécies de cochonilhas revelou que foi observada uma diferença altamente significativa durante 2 anos. *Icerya seychellarum* (Westwood) registou o número médio mais elevado de 110,3 e 158,6 indivíduos por amostra, seguido de *Panonychus citri* 74,2 e 87,9 indivíduos, enquanto *Icerya purchasi* (Maskell) registou um número médio de 9,4 e 6,0 indivíduos, durante os dois anos sucessivos, respetivamente. No que diz respeito aos insectos predadores, *Rodolia cardinalis* (Mulsant) ocupou o primeiro lugar na categoria[st] e foi representado por 60,6 e 69,4%, seguido de *Chrysoperla carnea* (Steph.) 30,4 e 22,7%, enquanto *Nephus includens* (Kirsch) ficou em último lugar com 9,0 e 7,9% durante os dois anos sucessivos, respetivamente. O rácio predador-presa foi o melhor durante julho-dezembro e variou entre 1:4,7 e 1:10,6 durante os dois anos (Awadalla, 2017).

Havanoor & Rafee (2018) estudaram a ocorrência sazonal de tripes *(Scirtothrips dorsalis* Hood), pulgões *(Myzus persicae* Sulzer) e ácaros, *Polyphagotarsonemus latus* Banks. A praga de tripes apareceu dentro de semanas após o transplante e a população máxima apareceu durante a última semana de agosto (4,20/folha) e a menor foi na 1st semana de agosto (1,43/folha). Foi observada uma correlação positiva significativa com a temperatura máxima (r=0,55) e não foi observada uma correlação negativa significativa com a temperatura mínima (r = -0,40). Houve correlação negativa com a precipitação e a UR. Os valores de r foram -0,34 e -0,43, respetivamente. A população de tripes teve uma correlação positiva com a temperatura máxima. Entre os inimigos naturais, a aranha, o besouro coccinelídeo, etc. foram dominantes e este último atingiu o pico da população durante a 1st semana de novembro (Havanoor & Rafee, 2018). Othim *et al.* (2018)

investigaram a ocorrência sazonal de lepidópteros desfolhadores no amaranto. Foram realizadas experiências de campo durante 2 estações em 2 locais diferentes no Quénia Central para avaliar a praga e a população de inimigos naturais, avaliar a eficácia da isca floral de fenilacetildeído (PAA), como atrativo e o efeito de 3 linhas de amaranto na abundância e danos da praga. Os parasitóides *Aropha tricolor* e *Apanteles* sp. causaram parasitismo de 6,2% e 33,3% em *Spoladea recurvalis* F. e *Choristoneura* sp., respetivamente. As armadilhas incorporadas com PAA atraíram mariposas que não tinham nada a ver com os danos, apenas 0,5% do total de capturas das armadilhas pertencia a *S. recurvalis* F. O estudo das linhas de amaranto mostrou um efeito significativo (p = 0,007) na abundância de lepidópteros desfolhadores e nos danos.

Sathyan *et al.* (2018) estudaram a dinâmica populacional da mosca branca *(Dialeurodes cardamomie* David & Subr.) e do percevejo-de-renda, *Stephanitis typicus* Dist. no cardamomo em relação a factores meteorológicos. A mosca branca atingiu o pico durante fevereiro-março e diminuiu depois disso. A correlação com a temperatura máxima e a hora de sol foi positiva, mas foi negativa na UR matinal. Este último fator influenciou a população de mosca branca em 41% em 2014 e 43% em 2015. Noutro estudo sobre a ocorrência sazonal e o hospedeiro alternativo da cochonilha da manga em relação aos parâmetros climáticos no distrito de Malda, em Bengala Ocidental. A população de cochonilhas tinha mostrado uma correlação significativamente positiva com a temperatura mínima e o gradiente de RH e uma correlação negativa significativa com a RH mínima. Os autores concluíram que os seus resultados ajudarão a prever a população de cochonilhas na manga (Das & Chakraborty, 2018).

Um estudo sobre a prevalência de insectos nocivos à *Senna alata* L. na costa de Coromandel, na Índia, revelou a ocorrência de pragas, como a borboleta *(Catopsilia pyranthe* L.), o percevejo *Chrysocoris stollii* (Wolff), o verme do botão floral *(Hendecasis duplifascialis* Hampson), o pulgão *(Aphis* sp.) e cochonilhas que se alimentam e danificam as folhas de *S. alata* L. Duas brocas, nomeadamente a broca do botão floral *H. duplifascialis* e a broca da vagem *Etiella zinckenella* (Treitschke), também danificaram gravemente as culturas. Entre os factores abióticos, a temperatura mostrou um nível mais elevado de oviposição durante os períodos pós-monção tardia e início do verão (Veeraragavan *et al.,* 2018). Os factores climáticos tiveram um papel importante na flutuação da população da cochonilha da manga, *Drosicha mangiferae* (Green). A população começou a partir de 7 Semanas Meterológicas Padrão (SMW) e aumentou até atingir o máximo durante 17 SMW e começou a diminuir de 18 SMWs a 20 SMWs (Das & Chakraborty, 2018). Gupta & Mondal (2018) estudaram a flutuação populacional de *Brevipalpus californicus* e seu predador *Paraphytoseius orientalis* infestando *Ocimum basilicum* durante janeiro-julho de 2016. A análise global dos dados indicou que a população de *B. californicus* estava positivamente correlacionada com o ácaro predador e a temperatura e negativamente correlacionada com a HR. A população de *P. orientalis foi positivamente correlacionada* com a temperatura e negativamente com a UR. O pico da população de *B. californicus* ocorreu em junho (9,70 ácaros/folha).

Plantas medicinais em relação ao ciclo de vida das pragas de ácaros

O estudo do ciclo de vida de *Brevipalpus deleoni* Pritchard & Baker a 3 temperaturas constantes de 20±1°C, 25±1°C e 30±1°C, juntamente com 3 humidades constantes de 50±3%, 70±3% e 90±3%, revelou que o ciclo de vida total dependia mais da humidade e menos da temperatura, uma vez que a duração aumentava com o aumento da humidade.

A duração foi mais longa a 90±3% de humidade relativa e mais curta a 50±3% de humidade relativa. O período de desenvolvimento total foi o mais curto (35,8±2,28 dias) a 30±1°C e o mais longo foi de 40,08±2,39 dias a 25±1°C (Gupta & Mandal, 2015). Noutro estudo sobre o ciclo de vida de *Oligonychus iseilemae,* uma nova praga de *Avicennia germinans,* em condições laboratoriais, revelou que o ciclo de vida demorou 16,7±1,00 dias e a fecundidade média foi de 51,00±0,39 ovos e 33,09±2,27 ovos para fêmeas acasaladas e não acasaladas, respetivamente. A longevidade das fêmeas e dos machos foi de 23,29±1,40 dias e 3,31±1,05 dias, respetivamente. A duração de diferentes outras fases também foi estudada (Gupta, *et al.,* 2017).

Bioeficácia dos extractos de plantas medicinais na gestão de pragas de insectos/ácaros

Mortalidade:

Embora exista um bom número de obras sobre este tema, apenas algumas são aqui mencionadas por uma questão de brevidade:

Teixeira *et al.* (2003) estudaram os efeitos das infusões de *Psidium guajava* L. e *Achillea millefolium* L. sobre os cromossomas e o ciclo celular. A infusão de *Psidium guajava* na concentração mais alta causou uma inibição estatisticamente significativa da divisão celular nas células da ponta da raiz da cebola, não observada nas células da ponta da raiz da cebola tratadas com *A. millefolium.* Não foram encontradas alterações estatisticamente significativas, em comparação com o controlo não tratado, no ciclo celular ou no número de alterações cromossómicas, após o tratamento com ambas as plantas em células de rato ou em linfócitos humanos cultivados. Os resultados sobre a citotoxicidade e mutagenicidade destas plantas deram informações valiosas sobre a segurança da sua utilização para fins terapêuticos. Pietrosiuk *et al.* (2003) avaliaram o impacto da biologia do ácaro de duas manchas nos alcalóides pirrolizidínicos (PAs) derivados de *Lithospermum canescens* (Michx.) Lehm. na biologia de *Tetranychus urticae* Koch. A planta comum da pradaria, *Lithospermum canenscens* (Michx.) Lehm. (Boraginaceae) é por vezes conhecida por Indian paint ou hoary puccoon. Num estudo, foi utilizada uma combinação de sete PAs com estruturas químicas bem conhecidas. Os ácaros tratados com PAs tiveram uma alta taxa de mortalidade juvenil, diminuição da fecundidade feminina e diminuição do tempo de vida. Depois de receber PAs, a população de *T. urticae* foi monitorizada utilizando a taxa intrínseca de crescimento populacional (rm). A população de ácaros cresceria significativamente mais devagar nas plantas tratadas, de acordo com o valor de rm obtido com folhas tratadas com alcalóides, que eram inferiores aos dos ácaros que se desenvolviam em folhas não tratadas. Os resultados implicam que deve ser feita mais investigação para avaliar a aplicação potencial de extractos de AP para o controlo do ácaro da aranha. A bioeficácia de alguns extractos de plantas no que diz respeito à mortalidade, repelência e ação ovicida foi testada utilizando óleo de *Eucalyptus camaldulensis* Dehnh. e *Inula viscosa* (L.) Greuter contra *Tetranychus cinnabarinus* (= *T. urticae* Koch). O extrato de *E. camaldensis* causou uma mortalidade de 25%. Os extractos de plantas de *Capparis spinosa* L., *Cupressus sempervirens L., Lupinus pilosus L., Rhus coriaria* L. e *Tamarix aphylla* (L.) Karst. mostraram efeitos repelentes. Os extractos de *Capparis spinosa, Cyperus rotundus, E. camaldulensis, L. pilosus, Punica granatum* L., *R. coriaria e, T. aphylla mostraram* efeito ovicida (Mansour *etal.,* 2004).

Fennell *et al.* (2004) analisaram a etnofarmacologia, nomeadamente os efeitos do cultivo, armazenamento pós-colheita e práticas sobre os níveis de atividade biológica em plantas medicinais tradicionalmente utilizadas. As alterações na inibição da COX-1 e na atividade antibacteriana ocorreram no início da senescência e, em algumas espécies, foram influenciadas pela idade da planta. Os tratamentos de inibição aumentaram a atividade anti-helmíntica e, por conseguinte, poderiam ser aplicados ao cultivo de plantas medicinais em zonas de baixa pluviosidade. Os pesticidas também desempenharam um papel importante na regulação do crescimento das plantas e na produção de metabolitos secundários em plantas medicinais cultivadas, embora os níveis residuais não tenham sido monitorizados. O armazenamento pós-colheita também foi menos estudado na África Austral. Os ácidos gordos com atividade antibacteriana eram estáveis em espécimes secos e portanto podem explicar o facto de que a atividade não foi afetada pelo armazenamento em certos casos.

As folhas de *Tithonia diversifolia* (Hemsl.) A. Gray foram testadas em relação à mortalidade, oviposição e emergência de adultos do bruquídeo da semente do feijão-caupi, *Callosobruchus maculatus* (Fab.). Cinco concentrações diferentes de extractos etanólicos de *T. diversifolia* (0,0%, 0,5%, 1,0%, 1,5% e 2,0%) foram testadas contra o bruquídeo para registar o seu efeito na mortalidade, oviposição e emergência de adultos. O número médio de ovos postos em sementes tratadas com extrato foi reduzido de 20,7 no tratamento com solvente para 4,7 na concentração de extrato de *Tithonia a* 2%. A emergência de adultos foi reduzida de uma média de 92,2 nas sementes tratadas com solvente para 72,2 no tratamento com 2,0% de extrato. A mortalidade foi de 100% nas concentrações mais altas de 3%, 4% e 5% dentro de 24 horas após a aplicação do extrato, mas nas concentrações mais baixas de 1% e 2% a mortalidade foi de 73,3% e 93,3%, respetivamente, após 24 horas. Quarenta e oito horas após a aplicação, foi obtida uma mortalidade de 100% dos adultos de *C. maculatus* em todas as concentrações. O pó foi eficaz numa concentração mais elevada e teve um tempo de ação mais longo. Os autores concluíram que *a T. diversifolia* era uma planta potencial para uma preparação bioinseticida com propriedades anti-oviposição e de eliminação contra *C. maculatus* (Adedire & Akinneye, 2004).

Tewary *et al.* (2005) estudaram os extractos de plantas com algumas qualidades médicas reconhecidas em termos de ação pesticida para encontrar novos agentes de controlo de pragas. Foi efectuado um estudo para avaliar as propriedades pesticidas de cinco plantas medicinais *(Berberis lycium* L., *Hedera nepalensis* L., *Acorus calamus* L., *Zanthoxylum armatum* L. e *Valeriana jatamansi* L.), que crescem abundantemente na região das colinas médias dos Himalaias ocidentais, contra algumas pragas importantes para a agricultura *(Aphis craccivora* Koch. A maioria dos extractos e óleos essenciais foram exclusivamente eficazes contra *A. craccivora*. A atividade das amostras testadas e o tempo de interação tiveram uma relação substancial e inversa. No entanto, após 48 horas de tempo de contacto, todas as amostras testadas foram quase igualmente eficazes, com valores LC50 na gama de 55 a 60 ppm (Tewary *et al.*, 2005). Calmasur *et al.* (2006) investigaram os efeitos insecticidas e acaricidas de três óleos essenciais de plantas Lamiaceae contra *Tetranychus urticae* Koch e *Bemisia tabaci* Genn. Os óleos vegetais foram *Micromeria fruticosa* L., *Nepeta racemosa* L. e *Origanum vulgare* L. O óleo essencial foi aplicado a 2, 4, 6 e 8 L em cada um dos exsicadores com 4 L de capacidade, correspondendo a 0,5, 1, 1,5 e 2 LIL./I. de ar. A mortalidade mais elevada foi atingida na dose de 2gL/L de ar às 120 horas de exposição para as duas espécies de pragas.

As actividades inseticida e antifeedante dos extractos metanólicos de *Allium sativum* L. foram testadas contra um escaravelho, *Attagenus unicolor japonica* (Reitter), e deram 93% de mortalidade a 5,2 mg/cm^2 7 dias após o tratamento. O extrato de botões de *Eugenia caryophyllata* Thunberg deu 100% de mortalidade a 2,6 mg/cm^2 20 dias após o tratamento. O extrato metanólico de *Angelica dahurica* Bentham et Hooker apresentou uma atividade antifeedante completa a 1,3 mg/cm^2 durante um período de 30 dias (Han *et al.*, 2006).

Foi realizado um bioensaio laboratorial com *Alstonia boonei* De Wild's (Apocyanaceae) utilizando extractos de folhas e de casca do caule contra a broca do caule rosa *Sesamia calamistis* Hampson (Lepidoptera: Noctuidae). Nas dietas artificiais, os extractos foram adicionados nas seguintes proporções: 0.0% (controlo), 1.0%, 2.5%, 5.0%, e 10.0% (w/w). Ambos os extractos diminuíram significativamente (P<0,01) a sobrevivência e o peso das larvas de uma forma dependente da dosagem. Após 10 e 20 DAI (dias após a introdução), as concentrações do extrato da casca do caule que mataram 50% das larvas (LC50) foram 2,8% e 2,1%, respetivamente, enquanto que nas concentrações do extrato da folha, os respectivos valores foram 5,6% e 3,5%. O peso das larvas alterou-se consideravelmente (P<0,05) e foi dependente da dose. Chegaram à conclusão de que os extractos da folha e da casca do caule de *A. boonei* eram venenosos, impediam o crescimento das larvas de *S. calamistis* e tinham um grande potencial para aplicação como protectores de culturas substitutas contra *S. calamistis* (Oigiangbe *et al.*, 2007). O extrato aquoso de amêndoa de Neem (NKAE) foi utilizado para o controlo do ácaro vermelho do chá no Sul da Índia. A concentração de NKAE @ 5,0% foi eficaz contra o ácaro vermelho. Não teve qualquer efeito sobre insectos não visados, nem sobre inimigos naturais. Nao foi fitotóxico para a planta do chá e não teve efeitos adversos no sabor do chá (Babu *et al.*, 2008).

O extrato de acetona de *Ageratum conyzoides, o extrato* de metanol de *Justicia adhatoda* e o extrato de clorofórmio de *Plumbago zeylanica* mostraram uma forte dissuasão da alimentação, inibição do crescimento e efeitos ovicidas contra ovos e larvas de *Spilarctia obliqua* Walker. Além disso, o extrato clorofórmico de *P. zeylanica* também criou fortes perturbações morfogenéticas em pupas de *S. obliqua* tratadas. Os extractos metanólicos de *Chenopodium ambrosioides* e *Ailanthus excelsa* mostraram apenas efeitos de inibição da alimentação e do crescimento, mas nenhum efeito ovicida, ao passo que todos os cinco extractos (hexano, clorofórmio, acetona, metanol e água) de *Catharanthus roseus* mostraram uma forte inibição do crescimento das larvas de *S. obliqua*. Outras plantas testadas, como *Ajuga remota* Benth, *Andrographispaniculata* (Burm.f.) e *Clerodendrum inermre* (L.) Gaertn, tiveram efeitos baixos a moderados contra *S. obliqua*. Os extractos metanólicos de *Chenopodium ambrosioides* L. e *Ailanthus excelsa* Roxb. mostraram apenas efeitos de inibição da alimentação e do crescimento (Prajapati *et al.*, 2008). A avaliação da bioeficácia de *Acacia concianna* (Willd.) DC., *Acorus calamus L., Momordica charantia* L. e *Annona squamosa* L. foi efectuada contra o afídeo *Ceratovacuna lanigera* Zehntner. Os autores referiram que os extractos de *Acacia concianna* foram melhores e mais eficazes do que os outros extractos de plantas. A mortalidade dependia das concentrações e dos tempos de exposição. (Patil & Chavan, 2009). Os efeitos de 4 extractos aquosos de plantas, *Acorus calamus* (L.), *Xanthium strumarium* (L.), *Polygonum hydropiper* (L.) e *Clerodendron infortunatum* (Gaertn.) foram avaliados contra *Oligonychus coffeae*, Nietner no chá, bem como no seu predador, *Stethorus gilvifrons* Mulsant, em condições de campo e de laboratório. Todos os extractos aquosos mostraram uma mortalidade superior a 50% do ácaro vermelho a concentrações de 510% em condições laboratoriais. A aplicação no campo também deu um bom resultado de 100% de mortalidade e esses extractos de plantas, mesmo em doses mais elevadas (10%), não causaram mortalidade aos adultos de *Stethorus gilvifrons*. Por conseguinte, estes podem ser utilizados para o controlo da praga *Oligonychus coffeae* no chá (Sarmah *et al.* 2009).

A infestação sobre a bioeficácia de *Couroupita guianensis* (Aubl) foi feita contra larvas de *Helicoverpa armigera* (Hub.). A máxima deterrência alimentar (81,67%) e a menor LC50 (2,72%) foram observadas no extrato hexânico. O extrato de hexano foi submetido a cromatografia em coluna utilizando diferentes proporções do sistema de solventes hexano-acetato de etilo. O total de 8 fracções foi recolhido e estas foram analisadas a 125, 250, 500 e 1.000 mg kg⁻¹ concentração contra *H. armigera* utilizando o método de disco de folha sem escolha. A fração oito mostrou atividades antifeedantes máximas (86,24%) e larvicidas (80,88%) na concentração de 1.000 mg kg⁻¹ . Por conseguinte, *a C. guianensis* pode ser utilizada no programa de controlo de pragas (Baskar *et al.*, 2010).

Shanker & Uthamasamy (2010) sugeriram a importância dos pesticidas à base de plantas devido à sua segurança ambiental. No entanto, em várias circunstâncias, o desempenho médio no terreno é muito menos eficaz. Este estudo foi realizado para avaliar as capacidades insecticidas de muitas plantas medicinais, incluindo *Vitex negundo* (L.), *Aloe vera* Town ex L., *Cassia tora* (L.) Roxb., *Clerodendrum inerme* (L.) Gaertn., *Calotropis gigantea* (L.) Dryand, e *Andrographis paniculata* (Burm.f.) Nees, que se encontram frequentemente nas terras agrícolas. Utilizando um bioensaio de imersão de folhas modificado, os extractos e as misturas foram testados quanto aos seus efeitos no crescimento, desenvolvimento e sobrevivência das larvas. Além disso, também foi investigado o efeito dissuasor da oviposição contra as traças *Helicoverpa armígera* (Hub.), bem como a eficácia contra a praga sugadora *Aphis gossypii* Glover e uma praga de produtos armazenados *Callosobruchus chinensis* L. A atividade inseticida por ordem decrescente foi a seguinte: NSKE 10% > NSKE 5%, Mistura botânica II > *A. paniculata* > *V. negundo* > Mistura botânica I > *C. gigantea* > *C. tora* > C. *inermi* > *A. vera*. Todos os botânicos apresentaram maiores efeitos de dissuasão da oviposição do que a atividade inseticida, exibindo uma inibição de 40-100% em comparação com o controlo não tratado (Shanker & Uthamasamy, 2014). A investigação sobre a atividade inseticida foi feita com extractos de *Phyllanthus amarus* Schumach & Thonn, *Acacia albida* Delile e *Tithonia divesifolia* (Hemsl.) A. Gray contra *Macrotermis ballicosus* (Smeathman) *in vitro* em diferentes concentrações, viz. 12,5%, 25%, 50%, 66,7% e 75%. As concentrações mais baixas tiveram um efeito muito fraco na mortalidade, enquanto o extrato aquoso a 75% foi relativamente melhor. O extrato de etanol foi melhor do que o extrato aquoso (Oyedokun *et al.*, 2011). O efeito do vinagre de madeira foi avaliado contra *Culex quinquefasciatus* Say. Foram utilizados os extractos de *A. indica, Cymbopogon nardus* (L.) Rendle, *Pachyrhizus erosus* (L.) Urd. e a larva de terceiro instar do mosquito. A mortalidade foi registada após 24, 48 e 72 horas. A percentagem foi baixa na concentração mais baixa e, ao deixar cair o metanol em todos os tratamentos, registou-se uma mortalidade de 100% (Pangnakorn *et al.*, 2011). O efeito de *Artemisia annua* L. e *Achiallea millefolium* L. foi registado na mortalidade, crescimento e alimentação, bem como nas actividades enzimáticas e não enzimáticas de *Pieris repae* L. em condições de controlo. Os valores LC 50 e LC 25 foram 9,38% e 3,645% para *A. annua* e 4,19% e 1,69% para *A. millefolium,* respetivamente. Na concentração mais baixa (0,625%), a deterrência foi de 29,826% e 44,185% para *A. annua* e *A. millefolium,* respetivamente. Os efeitos sobre os índices de alimentação, a duração das larvas e das pupas também foram investigados. O autor concluiu que estes extractos tinham alguns metabolitos que poderiam ser utilizados para efeitos de controlo de pragas (Hasheminia *et al.*, 2011). Foi feita uma avaliação com extractos botânicos de 5 plantas medicinais, nomeadamente *Azadirachta indica* A. Juss., *Melia azedarach* L., *Eucalyptus cinerae* F. Muell. Ex Benth., *Momondica charantia* L., *Calotropis cineraceae* contra *Thrips tabaci* (L.), *Helicoverpa armigera* (Hub.), mosca-sírfida, *Apis florea* Fab. e *Maladena castanea* (Arrow). Para resultados pormenorizados, pode consultar-se Hameed *et al.* (2012) em Effects of Medicinal Plants Extracts on Beneficials.

A eficácia dos extractos de plantas medicinais contra térmitas *subterrâneas, Coptotermes formosanus* Shiraki foi avaliada por Elango *et al.* (2012). A maior mortalidade de térmitas foi encontrada em *Aristolochia bracteolate* Lam., extrato de acetato de etilo de *Andrographis paniculate* (Burm.f.), *Datura metel* L., *Eclyptia prostrata* L., *extrato metanólico* de *Andrographis linniata* Wallich. ex Nees. e *Datura metel* após 24 horas (LD 50= 363, 371, 298, 292, 358 e 317 ppm; LD90= 1433, 1659, 1308, 1538, 1703 e 1469 ppm, respetivamente) (Elango *et al.*, 2012). A avaliação de 30 plantas medicinais chinesas foi feita contra *Spodoptera exigua* (Hub.) e as plantas medicinais mostraram uma forte atividade inseticida. Os autores isolaram os compostos activos com base no extrato (Xuehuan *et al.*, 2012). A avaliação de diferentes extractos de plantas foi efectuada contra *Tetranychus urticae* Koch. Os extractos utilizados foram *Allium sativum* L., *Rhododendron leutium* S., *Helichrysum arenareum* L., *Veratnum album* L.e *Tanacetum parthenium* L. O extrato de imersão de folhas causou uma mortalidade elevada. Os adultos puseram um menor número de ovos a concentrações menores (1% e 3%), mas o extrato não mostrou qualquer ação ovicida (Erdogan *et al.*, 2012).

Roobakkumar *et al.* (2012) investigaram a bioeficácia em relação à dissuasão da oviposição de biopesticidas seleccionados como NKAE e extrato aquoso de alho, extrato aquoso de Pongam Kernel (PKAE) contra o ácaro vermelho do chá, *Oligonychus coffeae.* Os resultados foram comparados com o *Derrimax*, que é um produto disponível no mercado. Tanto o *Derrimax* como o NKAE registaram 90% de mortalidade do ácaro vermelho em comparação com o extrato aquoso de amêndoa de *Pongamia* e o extrato aquoso de alho. Roy & Mukhopadhyay (2012) utilizaram extractos aquosos de sementes de *Melia azedarach* (L.) contra *Oligonychus coffeae* (Nietner) em condições laboratoriais, utilizando diferentes concentrações como 1%, 2%, 4%, 6%, 8% e 10%. Foi relatado que a percentagem de mortalidade dependia da concentração dos extractos utilizados. Estas experiências também provaram a atividade ovicida dos extractos de sementes. Além disso, não foi observado qualquer efeito fitotóxico e o teste organolético teve uma boa pontuação tanto nas infusões de folhas como na força do licor, com uma pontuação de 6,5-7,0 numa escala de 10 pontos. Os autores sugeriram a utilidade económica destas plantas. Sharma *et al.* (2013) avaliaram extractos aquosos e metanólicos de *Datura* contra *Tetranychus urticae* Koch infestando *Withania somnifera* (L.) Dunal e relataram que o extrato era eficaz, tendo potencial para controlar o ácaro. Foi realizada uma investigação sobre a bioeficácia de alguns extractos de plantas, nomeadamente *Piper sarmentosum* Roxb., *Piper retrotractum* Vahl, *Piper interuptum* Opiz e *Piper nigrum* L. por Kraikrathok *et al.* (2013). O extrato hexânico de *Piper* foi o mais ativo (LD 50 = 237 ppm). A toxicidade foi dependente da dose e também do tempo de exposição (Kraikrathok *et al.*, 2013).

Ray & Gupta (2013) realizaram um estudo para avaliar a eficácia dos extractos de anona, *Artemisia nilagirica, Clerodendrum viscosusm* e *Vitex negundo* juntamente com o extrato de NSKE em duas pragas de ácaros impotentes, nomeadamente *Brevipalpus californicus* (Banks) que infestam *Justicia adhatoda* e *Tetranychus macfarlanei* Baker & Pritchard que infestam *Withania somnifera* em condições laboratoriais. Os extractos das plantas provaram ter propriedades acaricidas e a eficácia aumentou com o aumento do tempo. No caso de *T. macfarlanei,* foi alcançada uma mortalidade de 100% após 72 horas; no caso da anona, os extractos de *Clerodendrum viscosum* e *Vitex negundo* registaram ambos uma mortalidade de 100% após 96 horas. Gahukar (2014) analisou o conteúdo e a bioeficácia da azadiractina do Neem, que é utilizada no controlo de pragas agrícolas. A eficácia do material bruto ou sintetizado utilizado no campo ou no laboratório pode estar a influenciar as condições de armazenamento, o conteúdo do ingrediente ativo, especialmente a azadiractina, as espécies de insectos e a sua fase de crescimento, o tipo de formulação e o sinergismo dos produtos com outras medidas de controlo foram de importância primordial. O autor discutiu as acções directas e indirectas dos fitoquímicos do nim sobre as pragas de insectos e as implicações práticas para futuras estratégias de controlo de pragas.

Gupta & Mondal (2015) estudaram a bioeficácia de alguns pesticidas verdes em *Tetranychus ludeni* Zacher infestando *Acorus calamus* L., no sentido de causar mortalidade e repelência. Verificou-se que o Biopesticida II (extrato de *Millettia pinnata* + óleo de Neem + emulsionante) se revelou mais eficaz, registando uma mortalidade média de 87,55% e foi significativamente superior a todos os outros tratamentos Neem, *Vitex negundo, Butea monosperma, Millettia pinnata,* Biopesticida I (folhas de tabaco + extrato de alho + *Acorus calamus* + malagueta vermelha + extrato de Neem + óleo de Neem + emulsionante). O neem foi o mais fraco de todos. Os extractos vegetais aquosos de *Zygophyllum album* L., *Cotula cinerea* Del. e *Limoniatrum guyonianum* Del. foram avaliados contra o ácaro da palmeira, *Oligonychus asrasiaticus* (McG.). Foram utilizadas cinco doses (1, 2, 3, 4 e 5%). O extrato de *Z. album* L. mostrou um efeito de mortalidade muito significativo no ácaro, mas os outros não tiveram qualquer efeito (Lakhdari *et al.,* 2015). Foi realizado um ensaio laboratorial com cinco extractos de pesticidas verdes para provocar a mortalidade de *Petrobia harti* (Ewing) e indicou-se que o extrato de folhas de *Clerodendrum inerme* (L.) Gaertn. era o melhor, seguido do extrato de *Tagetes erecta* L., ambos a 1,5% de concentração, registando uma mortalidade média de 92,50% e 82,63%, respetivamente (Mitra *et al.,* 2015).

A abundância relativa de insectos e ácaros em plantas medicinais foi comunicada por Afsah (2015). Os resultados do DMRT dos pesticidas aplicados para controlo mostraram uma diferença não significativa entre Sulfan e Achook. O desempenho foi KZoil < Sulfan < Achook. Os pesticidas que foram utilizados e considerados promissores foram Sulfan (70% SC), óleo KZ (70% SC) e Achook (10,15% EC) e todos estes poderiam verificar a população de insetos e ácaros (Afsah, 2015). Sarkar *et al.* (2017) relataram *Brevipalpus californicus* em *Justicia adhatoda* e estudaram a bioeficácia de 3 extractos de plantas *(Ocimum gratissimum, Piper longum* e *Vitex negundo)* - todos com 2 concentrações, ou seja, 2% e 3%. Verificou-se que os extractos de *Ocimum gratissimum eram* os melhores em ambas as concentrações. Gaur & Kumar (2017) estudaram a bioeficácia do extrato de raiz de *Withania somnifera* (L.) Dunal contra *Spodoptera litura* (Fab.). O extrato da planta mostrou um efeito prejudicial sobre o desenvolvimento, principalmente devido à perturbação da hormona eclosiana e à secreção de neuropeptídeos pelas células neuro-secrárias. O teste provou que a hormona eclosiana foi afetada negativamente, como é evidente pela formação de adultoide (indivíduo imaturo semelhante a um adulto) que sofreu várias deformações em diferentes partes do corpo, especialmente nas asas que não se esticaram corretamente. O presente estudo provou que o extrato de raiz de *Withania somnifera* pode ser utilizado como potencial IGR para o controlo de *S. litura.* O teste de óleos à base de plantas, como o óleo de *Milletia pinnata,* o óleo de mostarda e o azeite, foi efectuado sobre a eclodibilidade dos ovos. Verificou-se que o óleo de rosa era o melhor, seguido do óleo de *Milletia pinnata* e do azeite. Os autores sugeriram que o óleo deveria ser utilizado para efeitos de controlo de pragas (Roy *et al.,* 2017).

Gupta & Samaddar (2018), na sua experiência laboratorial para estudar a bioeficácia de produtos botânicos e biorracionais contra *Tetranychus ludeni* Zacher em

Rauvolfia serpentina, relataram que a mortalidade média foi melhor na combinação de pasta de malagueta 5g+urina de vaca 500ml, que registou a mortalidade mais elevada de 67,47%, melhor do que a pasta de alho 5g+óleo de querosene 250 ml (59,14%) = pasta de malagueta 5% (= 57,64%)=extrato de folha de nim (5%) (55.55%)= extrato de folha de Ram tulsi (5%) (51.24%)= pasta de malagueta (2.5g)+urina de vaca 500ml (47.83%) > pasta de malagueta (2.5%) (40.98%)= extrato de folha de neem (2.5%) (43.44%)= extrato de folha de calêndula (5%) (40.11%)= extrato de folhas de *Vitex negundo* (5%) (44,36%) = extrato de folhas de *Vitex negundo* (2,5%) (39,42%)= extrato de folhas de *Ocimum gratissimum* (2,5%) (34,01%)= pasta de alho (5%) (28,47%)> extrato de folhas de calêndula (2,5%) (22,91%). Mondal & Gupta (2019) realizaram uma experiência laboratorial para estudar a bioeficácia de alguns pesticidas verdes contra *Brevipalpus karachiensis* Chaudhri *et al.* infestando *Justicia adhatoda* em condições laboratoriais. A anona a 2% registou a mortalidade mais elevada de 74,48%, seguida dos citrinos a 2% com uma mortalidade de 73,54% e o óleo de neem + água foi o mais fraco de todos. No entanto, quando se utilizou uma concentração mais elevada (5%) dos pesticidas supramencionados, a pasta de malagueta (12 g) + água (50 ml) foi a melhor, registando uma mortalidade de 79,79%, seguida dos citrinos a 5% (78,49%) e o óleo de neem foi o mais fraco, registando 74,07% de mortalidade. Os autores sugeriram a utilização de pasta de malagueta+água numa concentração mais elevada. Nile *et al.* (2019) sugeriram o uso de óleo alternativo e pesticida químico no controlo de pragas.

Gaur & Kumar (2019) sugeriram que as pragas polífagas *Spodoptera litura* (Fab.) e *Pericallia ricini* Fab. eram importantes para a agricultura. Os pesticidas químicos foram utilizados de forma descuidada e irresponsável para controlar as pragas de insectos, o que representou graves riscos ambientais e pôs em perigo a saúde humana, bem como as criaturas não visadas. Duas pré-pupas de insectos importantes do ponto de vista comercial, *S. litura* e *P. ricini*, receberam preparações de sementes e raízes da erva medicinal *Withania somnifera* (L.) Dunal, que perturbaram a muda e a metamorfose e causaram uma série de anomalias de desenvolvimento, incluindo o prolongamento do tempo de vida pré-pupal, o atraso da ecdise pupal-adulto, a falha ecdisial, a redução da pupação e da emergência de adultos, a formação de pupas e adultos aberrantes e a diminuição da pupação e da emergência de adultos (Gaur & Kumar, 2019).

A gestão sustentável das doenças das culturas do *crisântemo* exigiu diferentes considerações e métodos económicos, sociológicos e ecológicos que devem ser tidos em conta na gestão das doenças e no funcionamento dos agro-ecossistemas normais. O financiamento do estudo deu uma visão clara dos esforços que encorajarão os agricultores a adotar métodos eficazes e ecológicos para uma gestão bem sucedida das pragas e doenças do *crisântemo* (Khan *et al.*, 2021). Dubey *et al.* (2022) efectuaram um ensaio laboratorial para determinar a bioeficácia de alguns óleos essenciais em relação a pesticidas químicos e produtos botânicos sobre *Petrobia harti* (Ewing), uma praga grave da erva medicinal *Oxalis corniculata*. O desempenho dos tratamentos pode ser organizado na seguinte ordem decrescente: anona 2% (74,48%) > citrinos 2% (74,54%) > pasta de malagueta+água (6g+50ml) (72,94%) > óleo de neem (1ml/10ml) (61,73%). A tendência foi quase semelhante quando foram utilizadas concentrações mais elevadas dos pesticidas supracitados.

Repelência:

A atividade repelente dos extractos metanólicos de 23 espécies de plantas medicinais aromáticas e do seu destilado de vapor foi testada contra fêmeas de *Aedes aegypti* (L.) em jejum através de um teste cutâneo e foi comparada com a da N,N-dietil-m-toluamida (deet). As reacções variaram consoante o tipo de espécie vegetal. A repelência dos extractos de *Cinnamomum cassia, Nardostachys chinensis* Batalin, da casca da raiz de *Paeonia suffruticosa* (Mu Dan) e do destilado a vapor de *Cinnamomum camphora* (L.) J. Presl, numa dosagem de 0,1 mg/cm^2 , foi equivalente à do deet (82%). Em comparação com o deet, a eficácia dos extractos da casca de *C. cassia* e do rizoma de *N. chinensis* manteve-se durante 1 hora. A repelência do extrato da casca da raiz de *P. suffruticosa* e do destilado a vapor de *C. camphora durou* muito pouco tempo. As plantas mencionadas mereciam mais investigação como potenciais plantas repelentes de mosquitos (Yang *et al.*, 2004). Ahmed *et al.* (2009) examinaram a bioeficácia no terreno de extractos de plantas para o controlo de pragas de insectos pós-floração de feijão-frade *(Vigna unguiculata* (L.) Walp.) na Nigéria. O resultado sugeriu que os extractos de plantas testados, em particular o tabaco, a fava-doce e o alho, eram muito promissores para controlar as pragas de insectos do feijão-frade na Nigéria.

A investigação do efeito repelente do óleo essencial de 17 plantas medicinais nativas foi efectuada em adultos de *Plodia interpunctella* (Hubner). Entre os óleos essenciais obtidos por processo de hidrodestilação de 17 plantas medicinais, como *Achillea wilhelmsii* Koch, *Achillea millefolium* L., *Artemisia dracunculus* L., *Salvia multicaulis* Vahl, *Thymus vulgaris* L., *Ziziphora clinopodioides* Lam., *Rosmarinus officinalis* L., *Lavandula angustifolia* Mil, *Mentha piperita* L., *Hyossopus officinalis* L., *Salvia officinalis* L., *Anethum graveolens* L. (endro), *Foeniculum vulgare* Mill., *Carum carvi* L., *Petroselinum sativum* (Mill.), *Artemisia absinthium* L. *e Melissa officinalis* L. A repelência máxima foi observada em *Anethum graveolens* (100%), *Thymus vulgaris* (100%) e *Rosmarinus officinalis* (93,33%) e a repelência mais fraca foi observada em *Hyossopus officinalis* (7,69%) e *Petroselinum sativum* (9,48%). Assim, as plantas medicinais poderiam servir como uma boa alternativa para obter repelência (Karahroodi *et al.*, 2009).

Foram testados os efeitos larvicida e de repelência em espécies de vectores da malária e da Filaria no Ghat Oriental do Sul da Índia. Todos os extractos de plantas foram considerados eficazes após 24 e 48 horas, mas a exposição de 24 horas deu o resultado mais eficaz. O efeito tóxico do extrato de metanol das folhas de *Cassia siamea* (Lam.) Irwin et Barneby, do extrato de metanol das sementes de *Cuminum cyminum* L., do extrato etílico das folhas de *Nelumbo nucifera* Gaertn, do acetato de etilo das folhas e do extrato de metanol de *Phyllanthus amarus* Schumach & Thonn. e do extrato de metanol das sementes de *Trachyspermum ammi* L. mostrou uma mortalidade de 100% contra *Anopheles stephensi* Liston e *Culex quinquefasciatus* Say após 48 horas de exposição. O efeito de repelência máximo foi observado em 500 ppm em extractos de metanol de *N. nucifera*, acetato de etilo e extrato de metanol de *P. nigrum* L. e extrato de metanol de *T. ammi*. Estes resultados indicaram que os extractos de folhas e sementes de *C. cyminum, N. nucifera, P. amarus, P. nigrum* e *T. ammi* tiveram os efeitos potenciais e, sendo amigos do ambiente, podem ser utilizados no programa de gestão de pragas (Kamraj *et al.*, 2011). Lima *et al.* (2011) avaliaram as actividades antifúngicas, antibacterianas e repelentes de insectos de alguns óleos essenciais de *Acantholippia seriphioides* (A. Gray) Moldenke, *Artemisia mendozana* DC., *Gymnophyton polycephalum* (Gillies & Hook.) Clos, *Satureja parvifolia* (Phil.) Epl., *Tagetes mendocina* Phil. e *Lippia integrifolia* (Griseb.) Hieron. da Argentina. Os componentes químicos dos óleos essenciais de *A. seriphioides, G. polycephalum* e *L. integrifolia*, obtidos por hidrodestilação, foram caracterizados por análise GC-FID e GC/MS. O óleo essencial de *L. integrifolia* tinha um número máximo de 40 componentes. Estes, juntamente com o de *A. seriphioides*, continham uma quantidade importante de monotarpeno oxigenado na ordem dos 44,35% e 29,72%, respetivamente. O timol (27,61%) e o carvacrol (13,24%) foram os principais componentes do óleo essencial de *A. seriphioides*. Parece que os monotarpenos oxigenados são as fracções bioactivas dos óleos essenciais. Estes óleos essenciais podem ser utilizados para efeitos de controlo de pragas (Lima *et al.*, 2011).

Padin *et al.* (2013) testaram em laboratório por meio de aplicação tópica e tratamentos de grãos, os extratos de *Ambrosia tenuifolia* Spreng., *Baccharis trimera* (Less.) DC, *Brassica campestris* L., *Jacaranda mimosifolia* D. Don, *Matricaria chamomilla* L., *Schinus molle* (L.) var. *areira* (L.) DC, *Solanum sisymbriifolium* Lam, *Tagetes minuta* L. e *Viola arvensis* Murray quanto à sua eficácia inseticida e repelente contra *Tribolium castaneum* (Herbst) (Coleoptera: Tenebrionidae). Os escaravelhos adultos foram expostos a extractos de plantas. Após uma exposição de 1, 2 e 7 dias, registaram-se mortes. Os efeitos repulsivos dos extractos de plantas também foram investigados. A repelência do extrato metanólico foi de 57% no caso da *M. chamomilla*, 56% no caso da *B. campestris* e 49% no caso da *J. mimosifolia*. A mortalidade mais elevada, de 68%, foi causada por extractos de *V. arvensis*. Além disso, *J. mimosifolia, M. chamomilla* e *T. minuta* mostraram uma forte repelência de insectos (IR = 0,04). A utilização destes produtos botânicos pode ser eficaz na defesa de grãos armazenados contra pragas de coleópteros. As folhas de *Olax zeylanica* Wall. foram avaliadas como repelente ecológico para a gestão de pragas de insectos de armazenagem. As doses utilizadas foram 1, 3, 5 e 7 de folhas em pó como repelência fumigante num aparelho de bioensaio de dupla escolha. O efeito repelente das folhas em pó contra o gorgulho do arroz foi significativamente elevado (P<0,05) em todas as doses. A repelência mais elevada foi de 97% na dose de 7g, enquanto que a repelência foi de 50% no caso da dose de 1g (em pó). O extrato de metanol das folhas apresentou a repelência mais elevada de 96% e o extrato de N-hexano registou o nível de repelência mais baixo. As doses mais elevadas de extrato tiveram sempre um nível mais elevado de percentagem de repelência (Fernando & Karunaratne, 2013).

Liang *et al.* (2013) estudaram o efeito de repelência contra o piolho dos livros, *Liposcelis bostrychophila* (Badonnel) e o escaravelho da farinha vermelha *Tribolium castaneum* (Herbst) utilizando o óleo essencial de 14 ervas medicinais chinesas, como *Cucuma longa* L., *Epimedium pubescens* Maximouwicz, *Lindera aggregata* (Sims) Kostermans, *Nardostachys chinensis* Battandier, *Schizonepeta tenuifolia* Briquet, *Zanthoxylum schinifolium* Sieber et Zuccarini e *Z. Officinale* Roscoe. Todos eles têm uma forte ação repelente contra *L. bostrychophila* e *T. castaneum*. Foram identificados 35 compostos do óleo essencial de *E. pubescens* através de cromatografia gasosa e GCMS. Os principais compostos do óleo essencial de *E. pubescens* foram P-Eudesmol (14,89%), a-pineno (13,38%), Borneol (9,56%), (R)-carvona (7,89%) e Mentol (7,45%). Do óleo essencial de *E. pubescens,* foram isolados 4 monotarpenóides e 1-sesquiterpenóides por fracionamento guiado por bioensaio. Os compostos identificados foram o a-pineno, o borneol, o mentol, a carvona e o P- eudesmol, com um forte efeito repelente contra *L. bostrychophila* a 8,5 pL/cm^2 após 2 horas de exposição. O extrato à base de acetona de *Nigella sativa* L., *Syzygium aromaticum* L. e *Trachyspermum ammi* (L.) foi avaliado contra *Tribolium castaneum* (Herbst) em armazenamento utilizando meio disco de papel de filtro e em várias concentrações. O extrato de *T. ammi apresentou a* maior repelência de 76,67%, seguido de *S. aromaticum* (76,54%) e *N. sativa* (64,32%). De acordo com os autores, o extrato natural mostrou um bom efeito de repelência e, por conseguinte, pode ser incluído no programa de gestão de pragas (Sagheer *et al.*, 2014). 5 extractos de plantas, viz. Capim-limão *(Cymbopogon martinii* (Roxb.) Wats.), *Vitex negundo* L., Calêndula

(Tagetes erecta L.), folha de limoeiro *(Citrus limon* (L.) Burm.f), e *Ocimum sanctum* L. foram avaliados quanto à sua ação repelente e verificou-se que os extractos de calêndula, *Vitex negundo* e folha de limoeiro tinham mostrado a maior repelência (70%), seguidos do extrato de *Ocimum sanctum* (65%) (Mitra *et al.,* 2015).

Um total de 41 espécies de plantas aromáticas foram avaliadas contra a praga do psilídeo dos citrinos, que é um inseto vetor. O efeito de repelência variou de espécie para espécie de plantas (Yen *et al.,* 2020). Degu *et al.* (2020) analisaram as plantas medicinais que são utilizadas como repelentes com efeito larvicida na Etiópia, tendo registado 83 plantas de 49 famílias, cujos extractos podem atuar como repelentes.

Detrência de oviposição e de desenvolvimento:

A investigação foi feita com extractos de algumas plantas medicinais selvagens como *Artemisia herba-alba* Asso, *Artemisia monosperma* Del., *Euphorbia aegyptiaca* Boiss. e *Francoeuria crispa* (Forsk.), utilizando diferentes solventes como hexano, éter dietílico, acetato de etilo e etanol contra larvas de 3º instar de *Chrysomyia albiceps* (Wied). Foram utilizadas duas técnicas: a técnica de imersão e a técnica de película fina. Verificou-se que os extractos brutos das quatro plantas testadas podiam ser utilizados para o controlo das larvas de *C. albiceps,* enquanto os extractos de hexano de *E. aegyptiaca, A. herba-alba* e *A. monosperma* foram considerados como as preparações vegetais mais promissoras contra as larvas, utilizando a técnica de película fina (Abdel-Shafy *et al.,* 2009). Kamaraj *et al.* (2011) realizaram uma experiência sobre as actividades larvicida e repelente de extractos de plantas medicinais contra os vectores da malária e da filariose dos Ghats Orientais do Sul da Índia. Segundo eles, todos os extractos de plantas mostraram efeitos moderados após 24 h e 48 h de exposição, no entanto, a maior atividade foi observada após 24 h no extrato de metanol de *Nelumbo nucifera* Gaertn, acetato de etilo de sementes e extrato de metanol de *Piper nigrum* L. contra as larvas de *Anopheles stephensi* Liston (LC50 = 34,76, 24,54 e 30,20 ppm, respetivamente) e contra *Culex quinquefasciatus* Say (LC50 = 37,49, 43,94 e 57,39 ppm), respetivamente. O efeito tóxico do extrato de metanol da folha de *Cassia siamea* (Lam.) Irwin et Barneby, do extrato de metanol da semente de *Cuminum cyminum* L., do extrato de acetato de etilo da folha de *N. nucifera, do extrato de* acetato de etilo da folha e do extrato de metanol de *Phyllanthus amarus* Schumach & Thonn e do extrato de metanol da semente de *Trachyspermum ammi* L. mostrou uma mortalidade de 100% contra *An. stephensi* e *Culex quinquefasciatus* após 48 horas de exposição. A atividade repelente máxima foi observada a 500 ppm em extractos de metanol de *N. nucifera,* acetato de etilo e extractos de metanol de *P. nigrum* e extrato de metanol de *T. ammi* e o tempo médio de proteção completa variou de 30 a 150 min com os diferentes extractos testados. Estes resultados sugerem que os extractos de folhas e sementes de *C. siamea, N. nucifera, P. amarus, P. nigrum* e *T. ammi* têm potencial para serem utilizados como abordagem ecológica ideal para o controlo de *A. stephensi* e *C. quinquefasciatus.* Foi realizada uma investigação sobre a bioeficácia das propriedades larvicidas e pupicidas dos extractos de folhas de *Carica papaya* Linn. e do inseticida bactericida, viz. Spinosad, contra o vetor da chikungunya, *Aedes aegyptii* (Linn.). O extrato da planta tinha mostrado os efeitos larvicida e pupicida após 24 horas de exposição. A mortalidade larvar e pupal mais elevada foi exibida pelo extrato metanólico de folhas contra os primeiros II instares de larvas e pupas de espécies vectoras. Os valores LC50 de diferentes instares no caso das larvas foram o primeiro instar 51,76% ppm, 2nd instar 61,87% ppm, 3rd instar 74,07% ppm, 4th instar 82,18% ppm e no caso das pupas foi 440,65% ppm, respetivamente. Os dados correspondentes em relação ao Spinosad foram 51,67 ppm, 61,87 ppm, 77,07 ppm, 82,18 ppm e 93,44 ppm, respetivamente. Isto provou as boas propriedades larvicidas e pupicidas do extrato de folhas de *Carica papaya* e Spinosad (Kovendan *et al.*, 2012). Foi feita uma investigação sobre as actividades antimicrobiana, antioxidante, larvicida e pesticida de *Allangium salvifolium* (L. f.) Wang. com a fitoquímica das respectivas plantas. O extrato das folhas mostrou uma atividade larvicida significativa contra *Artemia salina* (Linn.) e *Sitophilus oryzae* (Linn.). Os extractos aquosos das folhas de *A. salvifolium* revelaram a presença de taninos, terpenóides, flavonóides e esteróides. Entre os diferentes solventes utilizados, o extrato de hexano apresentou a maior mortalidade de 80% e 100% após 24 horas e 48 horas de intervalo, respetivamente (Udaya Prakash *etal.*, 2013). Rahuman *et al.* (2018) isolaram os compostos larvicidas de *Abutilon indicum* (Linn.) juntamente com *Aegle marmelos* (L.) Correa, *Euphorbia thymifolia* L., *Jatropha gossypifolia* Linn. e *Solanum torvum* Sw. utilizando solventes orgânicos como acetona etílica, éter de petróleo, acetona e metanol, para descobrir a toxicidade contra larvas de 4th instares iniciais de *Culex quinquefasciatus* Say. Para mais pormenores, o leitor pode consultar Efeitos de extractos de plantas medicinais em pragas domésticas.

Gupta & Mondal (2021) incluíram no seu livro sobre ácaros e nemátodos em plantas medicinais na Índia os resultados de uma série de experiências laboratoriais sobre a bioeficácia de pesticidas botânicos para causar mortalidade, repelência, ação ovicida e dissuasão do desenvolvimento de várias pragas de ácaros, como *Tetranychus urticae* Koch, *Tetranychus ludeni* Zacher, *Tetranychus macfarlanei* Baker & Pritchard, *Petrobia harti* (Ewing), *Brevipalpus californicus* (Banks) - todos para o bioensaio de mortalidade; *Petrobia harti* e *T. ludeni para* repelência; *T. urticae* e *T. ludeni* para ação ovicida e impedimento do desenvolvimento. Os extractos de plantas considerados promissores nas experiências mencionadas foram os extractos de folhas de Neem, *Butea monosperma, Vitex negundo, Artemisia nilagirica, Clerodendrum inerme,* etc. Para mais pormenores sobre os resultados de experiências individuais, pode consultar-se Gupta & Mondal (2021). Os autores concluíram que os pesticidas verdes considerados promissores seriam boas alternativas aos pesticidas químicos sintéticos e poderiam ser utilizados no programa de gestão de pragas.

Efeitos dos extractos de plantas medicinais sobre os beneficiáis (polinizadores, predadores, outros inimigos naturais)

Ghasemi *et al.* (2011) estudaram a bioatividade de alguns óleos essenciais à base de plantas contra *Varroa destructor* Anderson & Trueman. O OE de *Thymus kotschyanus* Bioss & Hohen, *Ferula assa-foetida L., Eucalyptus camaldulensis* Dehnh. foi utilizado contra *Varroa destructor* em condições laboratoriais. Para além da mortalidade, o seu efeito fumigante em *Apis mellifera* L. também foi examinado. As abelhas foram expostas a diferentes concentrações durante 10 horas. O OE de *T. kotschyanus pareceu* ser o fumigante mais potente para V. *destructor* (LC50 = 1,07, 95% limite de confiança (CL) = 0,87-1,26 pL/L ar), seguido por *E. camaldulensis* (LC50 = 1,74, 95% CL = 0,96-2,50 iil./l. ar). Foi feita uma avaliação com extractos botânicos de 5 plantas medicinais, nomeadamente *Azadirachta indica* A. Juss., *Melia azedarach* L., *Eucalyptus cinerae* F. Muell. Ex Benth., *Momondica charantia* L., *Calotropis cineraceae* contra *Thrips tabacii* (L.), *Helicoverpa armigera* (Hub.), mosca syrphid, *Apis florea* Fab. e *Maladena castanea* (Arrow). O extrato de sementes de *A. indica* causou 77% de mortalidade de *T. tabaci* após 72 horas. O extrato de *A. indica* e *M. charantia* matou 84% e 82%, respetivamente, da população de *H. armigera* após 72 horas. Os extractos de folhas de *M. azedirach* e *A. indica* revelaram-se menos eficazes contra as moscas syrphid. A eficácia pode ser organizada como *C. cineraceae* > extrato de semente de *A. indica* > *M. azedarach* > *E. cinereceae* > extrato de folha de *A. indica* > extrato de fruto de *M. charantia* após 72 horas (Hameed *et al.*, 2012). A atividade inseticida dos óleos essenciais de *Mentha piperita* L. e *Lavandula angustifolia* Mill. foi avaliada contra a mosca doméstica, *Musca domestica*. Foram calculados os valores LC 50 e LC 75. A forma larvar mostrou alguma deformação. Os respectivos valores LC 50 e LC 75 foram de 2,5% (225 ppm) e 3% (270ppm), respetivamente para *Mentha piperita* e 3% (264 ppm) e 4% (352 ppm), respetivamente para *Lavandula angustifolia*. Causou uma duração larvar prolongada e uma redução na pupação e na emergência de adultos (Hanan, 2013).

Uma revisão sobre a potencialidade do óleo essencial com propriedades insecticidas foi realizada por Jemma (2014). O óleo essencial de *Eucalyptus* e *Artemisia* mostrou boa propriedade fumigante e propriedade venenosa de contacto contra pragas de insectos de produtos armazenados. O besouro de produtos armazenados *Oryzaephilus surinamensis* L. foi mais suscetível do que o *Tribolium castaneum* Herbst. Entre as duas espécies de *Artemisia, o* óleo de Artemisia *herba-alba* Asso foi mais eficaz do que o óleo de *Artemisia absinthium* L. por apresentar um efeito mais tóxico. A dose de *O. surinamensis* @ 0,09 p L cm^{-1} após 24 horas de exposição foi considerada mais tóxica. O composto P-thujona chrysanthenyl acetate e savinyl acetate foram responsáveis pela ação repelente. De acordo com o autor, os vários factores como o fator genético, o solo e o fator climático tiveram um papel importante na alteração dos compostos químicos (Jemma, 2014).

Montazedian *et al.* (2014) investigaram o desempenho do óleo essencial de 5 plantas medicinais viz. *Zataria multiflora* Boiss. e *Nepeta cataria* L., *Tagetes minuta* L., *Artemisia sieberi* Besser e *Trachyspermum ammi* (L.) contra o pulgão, *Brevicoryne brassicae* (L.). Foi relatado que todos os óleos essenciais tinham ação fumigante e dependiam da dose. O óleo essencial de *N. cataria* a 126, 63, 31, 16, 8 e 3 pL/L de ar causou uma mortalidade de 94, 76, 52, 46, 36 e 24% em 24 horas, respetivamente. Por conseguinte, o óleo essencial tem grande potencialidade no programa de gestão de pragas, como concluíram os autores. Os compostos bioactivos de *Vernonia amygdalina* Delile, *Lippia javanica* (Burm.f.) Spreng., *Dysphania ambrosioides* (L.) Mosyakin e *Tithonia diversifolia* (Hemsl.) A. Gray foram revistos para controlar pragas de insectos de leguminosas e concluiu-se que era necessária uma investigação mais aprofundada para gerar dados para a sua interpretação exacta, uma vez que a informação disponível era bastante inadequada (Mwanauta *et al.*, 2014). Foi efectuada uma análise comparativa com os resultados obtidos numa série de bioensaios laboratoriais de mortalidade aguda e experiências de resposta à tabela de vida para estimar os efeitos letais e subletais de 8 pesticidas em 7 inimigos naturais através da utilização de modelos populacionais estruturados por fases. Entre os pesticidas testados, com exceção do cobre mais mancozebe e do clorantraniliprole, todos causaram mais de 80% de mortalidade aguda de pelo menos uma fase de vida de uma espécie de inimigo natural a uma concentração de taxa de campo total e que poderia ser classificada como moderadamente nociva, de acordo com a classificação da Organização Internacional de Controlo Biológico para bioensaios laboratoriais. Os efeitos subletais foram a redução da fecundidade diária e da fertilidade dos ovos. Parecia haver uma variação considerável na resposta entre as espécies de inimigos naturais que só podia ser representada a partir de uma experiência de resposta completa da tabela de vida e de um ponto final ao nível da população. A resposta ao nível da população à gama de pesticidas testados pode frequentemente ser representada apenas pela mortalidade aguda dos adultos (Mills *et al.*, 2015).

Efeitos dos extractos de plantas medicinais nas pragas de produtos armazenados

O material em pó de *Tephrosia vogelii* Hook e *Lantana camara* L. foi testado quanto às suas capacidades inseticida e repelente contra *Sitophilus zeamais* Motschulsky (Coleoptera: Curculionidae) em grãos de milho armazenados a 1,0, 2,5, 5,0, 7,5 e 10,0% p/p. Foi utilizado um inseticida, Actellic Super TM 2% em pó, para testar a sua eficácia na mortalidade de insectos adultos (5 a 8 dias de idade). Após 21 dias, *L. camara* e *T. vogelii* causaram uma mortalidade de 82,7-90,0% e 85,0-93,7%, respetivamente, para ambos os pós de plantas. Os períodos médios de exposição letal (LT50) necessários para causar 50% de morte dentro de 5 a 6 dias foram (7,5-10,0% w/w) a 7 - 8 dias (2,5-5,0% w/w). Uma correlação substancial entre o teor de pó da planta e a mortalidade de insectos foi revelada pela Análise de Regressão Probit. Em comparação com o controlo não tratado, os pós vegetais e o pesticida sintético reduziram a geração de insectos adultos F1 em mais de 75%. *Tephrosia vogelii* foi o repelente de insectos mais eficaz contra *S. zeamais*, causando 87,5% de repelência a 7,5-10% (w/w), seguido de *T. vogelii* a 2,5% w/w e *L. camara* a 10% w/w, que repeliram 65,0% e 62,5%, respetivamente. Os resultados apoiaram a utilização destes produtos vegetais para proteger os bens contra o ataque de insectos (Ogendo *etal.*, 2003). Kim *et al.* (2003) estudaram a atividade inseticida de algumas plantas medicinais aromáticas e testaram-na contra *Sitophilus oryzae* (L.) e *Callosobruchus chinensis* (L.). O método de difusão em papel de filtro foi utilizado contra ambas as espécies a 3,5 mg/cm2. Foi produzida uma atividade inseticida potente contra ambas as espécies por um extrato da casca de *Cinnamomum cassia*, óleo de canela (*C. cassia*), óleo de rábano (*Cocholeria aroracia*) e óleo de mostarda (*Brassica juncea*) no prazo de 1 dia após o tratamento. Foi conseguida uma mortalidade superior a 90% aos 3 ou 4 dias após o tratamento utilizando extractos de rizoma de *Acorus calamus* var. *angustatus*, rizoma de *Acorus gramineus*, fruto de *Illicium verum* e fruto de *Foeniculum vulgare*. Um extrato da casca da raiz de *Cinnamomum sieboldii* provocou uma mortalidade de 100% aos 2 dias após o tratamento. A 0,7 mg/cm2, os extractos de *C. cassia, C. sieboldii* e *F. vulgare*, bem como o óleo de canela, o óleo de rábano e o óleo de mostarda foram altamente eficazes contra ambas as espécies.

Os efeitos do inseticida e da produtividade dos insectos na redução de *Tribolium castaneum* (Herbst) devido à aplicação de *Aloe vera* Town ex L. e *Bryophylum pinnatum* (Lam.) Oken foram estudados na Nigéria. A mortalidade (no prazo de 7 dias) e a percentagem de perda de peso (no prazo de 30 dias) no caso da cinza da raiz de *Aloe vera* foi de 80,00±0,11% e 0,22±0,01%, respetivamente. No caso da cinza da folha de Aloe vera, os valores correspondentes foram 50,01±0,01% e 0,23±0,01%, respetivamente. No caso da cinza da folha de *Bryophyllum pinnatum*, os valores foram de 50,01±0,01% e 0,32±0,15%. O pó da raiz de *Aloe vera registou uma* mortalidade de 30,02±0,1% e 0,46±0,04%. O pó da folha de *B. pinnatum registou uma* mortalidade de 60,01±0,01% e 0,52±0,01%, enquanto o pó da folha de *Aloe vera* deu uma mortalidade de 10,05±0,2% e 0,67±0,03%, respetivamente (Omotoso & Oso, 2005). Salunke *et al.* (2005), num ensaio com compostos flavonóides contra *Callosobruchus chinensis* (L.), relataram que a maioria dos compostos flavonóides causou a morte da praga ao inibir a expressão da atividade do citocromo p450 e da *isoenzima*. Alguns extractos de ervas foram avaliados contra o gorgulho, *Acanthoscelides obtectus* Say. Apenas os extractos concentrados a 100% de *Urtica dioica* L. e *Taraxacum officinale L. apresentaram uma* atividade inseticida significativa, enquanto os extractos a 100% e a 30% destas plantas foram eficazes na repelência e na redução da descendência F1. O extrato de *Achillea millefolium* L. (100%) foi ineficaz em termos de atividade inseticida. Proporcionou um bom nível de repelência e redução da descendência F1 (Jovanovia *etal.*, 2007).

Foram testados os extractos de algumas plantas aromáticas em plantas de ervilha-de-corda infestadas por *Callosobruchus* e verificou-se que o extrato aquático não conseguiu controlar a praga, mas uma dose mais elevada de 5 ml do extrato aquoso da planta causou uma mortalidade de 71.21±0.25% por *Eugenia caryophyllus* (Spreng.), 81.42±0.25% por *Bryophyllum pinnatum* (Lamarck), 80.00±0.23%, por *Eucalyptus camaldulensis* Dehnh. e 100.00±0.00 por *Xylopia aethiopica* (Dunal). O extrato etanólico de *E. caryophyllus* causou 80,28±0,11%, 100,00±0,00% e 100,00±0,00% de mortalidade de insectos em doses de 1 ml, 2 ml e 5 ml, respetivamente, num período de 7 dias. Da mesma forma, o extrato etanólico de *B. pannitum* causou uma mortalidade de insectos de 42,36±0,30%, 100,00±0,00% e 100±0,00%, respetivamente, no prazo de 7 dias, enquanto *E. camaldulensis* deu 53.70±0,24%, 74,27±0,22% e 100,00±0,00%, respetivamente, e *X. aethiopica* registou 80,10±0,50%, 100,00±0,00% e 100,00±0,00% de mortalidade de insectos, respetivamente (Oriotoso, 2008). A eficácia dos pós de folhas de *Tridax procumbens* L., *Withania somnifera* (L.) Dunal, *Millettia pinnata* (L.) Pannigrahi e *Gliricidia maculata* (Kunth) Steud. foi testada em condições laboratoriais contra o escaravelho *Callosobruchus chinensis* L., que infestava sementes de grama verde armazenadas. Os pós de folhas secas de *T. procumbens* e *W. somnifera* (5 mg/g de semente) foram mais potentes do que os pós de folhas de *M. pinnata* e *G. maculata* (20 mg/g de semente). Isto revelou uma mortalidade de 73,1 e 69,2%, respetivamente. Todos os pós de folhas de plantas, no entanto, mostraram uma ação ovicida de 100%. Quando 20 mg/g de sementes foram tratadas com todos os pós de plantas, não apareceu nenhum adulto F1. Os resultados indicaram que os pós de folhas de *T. procumbens* e *W. somnifera* reduziram significativamente a oviposição de *C. chinensis*, causaram uma grande quantidade de mortes e impediram a reprodução de adultos F1. Como resultado, pode ser aconselhável utilizar estes pós de folhas como aditivos no controlo abrangente da infestação de escaravelhos em sementes de leguminosas durante o armazenamento (Yankanchi & Lendi, 2009).

Foi efectuada uma avaliação da bioeficácia de *Aristolochia tagala* Cham. com extractos de folhas e raízes em várias doses contra *Spodoptera litura* Fab. à temperatura ambiente, no que diz respeito às eficácias de alimentação, larvicida e pupicida e à duração dos estádios larvopupais. No extrato de folha de acetato de etilo a uma concentração de 5,0%, foi registada uma maior atividade anti-alimentar (56,06%), inibição da alimentação (3,69%), larvicida (40,66%), pupicida (28%), mortalidade geral (68,66%) e maior duração larva-pupa (12,04-13,08 dias). O impacto dos extractos testados foi dependente da dose. Esta planta pode ser utilizada na gestão de pragas (Baskar *etal.*, 2011). Rafiei-Karahroodi *etal.* (2011) estudaram o efeito inseticida do óleo nativo de 6 plantas medicinais contra *Plodia interpunctella* Hubner. Os óleos utilizados foram *Melissa officinalis* L., *Mentha piperata* L., *Petroselinum sativum* Hoffmann, *Lavandula angustifolia* Mill., *Ziziphora clinopodioides* Lam. e *Artemisia dracunculus* L. O estudo foi efectuado contra larvas de 1° instar da praga, bem como sobre a dissuasão da oviposição. Verificou-se que *L. angustifolia* e *Z. clinopodioides* tinham mais efeitos ovicidas e de dissuasão de ovos, mas não tinham efeitos prejudiciais para a saúde humana.

Cardiet *et al.* (2012) testaram a toxicidade de contacto e fumigação de alguns óleos essenciais contra *Sitophilus oryzae* (L.) juntamente com *Aspergillus westerdijkiae* Frisvad & Samson e *Fusarium graminestrum*. Os pormenores sobre os resultados experimentais foram apresentados em Cardiet *et al.* (2012) em Efeitos de fumigação de extractos de plantas medicinais. Ileke *et al.* (2013) estudaram o efeito de pesticidas à base de plantas medicinais na sobrevivência, oviposição e desenvolvimento de *Callosobruchus maculatus* Fab. infestando sementes de ervilha-de-corda armazenadas. O resultado da toxicidade de contacto mostrou que a *Capsicum frutescens* L. e a *Capsicum annum* Miller foram mais eficazes contra o *Callosobruchus maculatus*, causando 100% de mortalidade no prazo de 2 dias após a aplicação a uma dose de 3g/20g de sementes de ervilha-de-corda. Por conseguinte, o pó de espécies de *Capsicum* pode ser misturado com sementes de ervilha-de-corda para evitar a eclosão de ovos e obter uma melhor gestão (Ileke *et al.*, 2013). Numa experiência para avaliar a eficácia de extractos de algumas plantas medicinais (óleo de manjericão, poejo europeu, alfazema, hortelã e segurelha) contra a traça do tubérculo da batata (PTM), *Phthorimaea operculella* Zeller, a análise Probit mostrou que o óleo de segurelha era mais eficaz, sendo o valor LC50 da PTM adulta de 0,048 pL/L de ar (Rafiee-Dastjerdi *et al.*, 2013).

Padin *et al.* (2013) avaliaram em condições laboratoriais os efeitos de toxicidade e repelência de extractos aquosos e metanólicos de 9 plantas medicinais contra *Tribolium castaneum* (Herbst). Extractos vegetais metanólicos e aquosos de *Ambrosia tenuifolia* Spreng., *Baccharis trimera* (Less.), *Brassica campestris* L., *Jacaranda mimosifolia* D. Don, *Matricaria chamomilla* L., *Schinus mole* L. var. *areira* (L.) D.C, *Solanum sisymbriifolium* Lam., *Tagetes minuta* L. e *Viola arvensis* Murray foram testados em condições laboratoriais contra *Tribolium castaneum*. O autor efectuou tanto a aplicação tópica como o tratamento de grãos. A maior mortalidade de 90% foi causada por *V. arvensis* no tratamento de grãos, seguida por *M. chamomilla* (57%), *B. campestris* (56%) e *J. mimosifolia* (49%) após 7 dias. Além disso, *J. mimusifolia, M. chamomilla* e *T. minuta* apresentaram alta repelência (r=0,04) contra insetos. De acordo com os autores, a aplicação destes botânicos pode ser utilizada para proteger as verduras das pragas de insectos. Akinneye & Ogungbite (2013) realizaram um estudo para avaliar a atividade inseticida de *Zanthoxylum zanthoxyloides* (Lam.) Zepern. & Timler, *Aristolochia ringens* Vahl, *Garcinia kola* Heckel, *Morinda lucida* Benth, *Euphorbia hirta* L., *Croton zambesicus* Mull.Arg., *Colocasia esculenta* (L.), *Ficus exasperata* Vahl e *Tetrapleura tetraptera* (Schumach. & Thonn.) Taub. em *Sitophilus zeamais* Motschulsky à temperatura ambiente de 28±2°C e 70±5% RH. As concentrações aplicadas foram de 5, 10 e 20% wt/wt de grãos de milho e examinou-se a mortalidade do gorgulho, a emergência de adultos, etc. O pó de *Z. zanthoxyloides, A. ringens* e *M. lucida* mostrou capacidade de redução do aparecimento de adultos a uma concentração de 20%, mas mesmo a uma concentração de 5% o aparecimento de adultos foi reduzido. Os autores relataram um aumento da eficácia do pó com o aumento da concentração do pó.

Foi efectuada uma investigação para avaliar a eficácia de alguns óleos essenciais como *Datura stramonium* L., *Eucalyptus camaldulensis* Dehnh., *Moringa oleifera* Lam. e *Nigella sativa* L. contra *Tribolium castaneum* (Herbst.), *Trogoderma granarium* Everts. e *Cryptolestes ferrugineus* (Stephens), que são pragas importantes de produtos armazenados. A fumigação do óleo essencial reduziu a população de pragas. Entre os óleos essenciais, o de *Datura stramonium* foi considerado o mais eficaz, registando uma mortalidade de 28,49%, enquanto o óleo essencial de *N. sativa* apresentou a maior mortalidade por fumigação, registando 20,06% contra *T. castaneum*. O resultado global mostrou que *C. ferrugineus* foi o mais suscetível contra o inseto testado, atingindo 29,79% de mortalidade média, seguido de 17,11% e *T. granarium* 12,27%. Os autores concluíram que estes extractos seriam boas alternativas aos pesticidas químicos no controlo de pragas de produtos armazenados (Saleem *et al.*, 2014). Ileke & Ogungbite (2014) avaliaram os pós e os extractos de 4 plantas medicinais *(Azadirachta indica* A. Juss., *Zanthoxylum zanthoxyloides* (Lam.) Zepern. & Timler, *Anacardium occidentale* L. e *Moringa oleifera* Lam.) contra *Sitophilus oryzae* (L.), *Oryzaephilus mercator* (Fauvel) e *Rhizopertha dominica* (Fab.) em condições laboratoriais com 75±5% de HR. Os pós foram utilizados em concentrações de 2, 4, 6 e 8%. Tanto os pós como os extractos das plantas medicinais provocaram um elevado efeito de mortalidade no inseto. Entre os pós e extractos de plantas medicinais, *A. indica* e *Z. zanthoxyloides mostraram* maiores efeitos insecticidas, atingindo 100% de mortalidade do que os pós e extractos de *A. occidentale* e *M. oleifera.* Verificou-se que todos os extractos e pós de plantas tinham mostrado um melhor efeito inseticida e podiam ser integrados no programa de gestão de pragas. Sagheer *et al.* (2014) estudaram o efeito de repelência contra o escaravelho da farinha vermelho-ferrugem, *Tribolium castaneum* (Herbst.). O extrato à base de acetona de *Nigella sativa* L., *Syzygium aromaticum* L. e *Trachyspermum ammi* L. foi avaliado contra o *T. castaneum.* A maior atividade de repelência de 76,67% foi mostrada no caso de *T. ammi,* seguido por *S. aromaticum* (76,54%) e *N. sativa* (64,32%). Negahban *et al.* (2017) avaliaram a toxicidade fumigante do óleo essencial de *Artemisia sieberi* Besser contra *Callosobruchus maculatus, Sitophilus oryzae* e *Tribolium castaneum* na concentração de 37 a 926 mL/L e com tempo de exposição de 3 a 24 h. Uma concentração de 37 mL/L e um tempo de exposição de 24 h foram suficientes para obter 100% de morte dos insetos. *Callosobruchus maculatus* foi significativamente mais suscetível do que *S. oryzae* e *T. castaneum* porque a boa mortalidade do inseto foi o óleo essencial mais suscetível. Paramanik (2018) avaliou o pó das folhas de *Justicia adhatoda* L., *Bacopa monnieri* (L.), *Alstonia scholaris* (L.), *Murraya koenigii* (L.), *Paederia foetida* L., *Psidium guajava* L., *Andrographispaniculate* (Burm.f.) Nees, *Moringa oleifera* Lam, *Centella asiatica* (L.) e *Ocimum tenuiflorum* L. contra *Sitophilus oryzae* L. A mortalidade no caso de *Andrographis paniculata* foi (96,67%) seguida por *Alstonia scholaris* (80,00%). Os outros 8 pós de folhas também apresentaram resultados proeminentes. Assim, o pó das folhas destas plantas pode ser eficaz para o controlo de *Sitophilus oryzae.*

Efeitos de extractos de plantas medicinais em pragas de importância médica e veterinária

Khatri *et al.* (2011) estudaram a bioeficácia de extractos de ervas contra pragas domésticas. Os extractos de sementes de *Millettia pinnata* (L.) e de rícino podem controlar sintomas alérgicos como asma, espirros, pieira, tosse, erupções cutâneas vermelhas, eczema, dores de cabeça, fadiga, etc. O extrato de sementes de *M. pinnta* foi considerado o mais eficaz. Lieu *et al.* (2012) testaram a atividade larvicida do extrato etanólico de frutos verdes de *Evodia rutaecarpa* (Wuzhuyu) contra as larvas do mosquito Culicidae, *Aedes albopictus* (Skuse) e constituintes isolados. Os pormenores são apresentados em Lieu *et al.* (2012) em Pragas de importância médica e veterinária.

Kumar *et al.* (2012) estudaram a bioeficácia dos efeitos larvicidas e pupicidas do extrato de folhas de *Solanum xanthocarpum* Schrad & Wendl. e de *Bacillus thuringiensis* Berliner contra *Culex quinquefasciatus* Say. Ambos exibiram efeitos larvicidas e pupicidas variados com valores LC 50 e LC 90 de *S. xanthocarpum* contra larvas de 1st a 4th instar foram 155,29, 198,32, 271,12, 377,44 e 448,41 ppm e 687,14, 913,10, 1011,89, 1058,85 e 1141,65 ppm, respetivamente. Os autores concluíram que *S. xanthocarpum* e *B. thuringiensis* tiveram efeitos de controlo de *Culex quinquefasciatus* e sugeriram a sua utilização por serem amigos do ambiente e facilmente disponíveis. Khatri & Lodha (2017) referiram que os componentes dos produtos vegetais eram as melhores opções para o controlo dos ácaros, causando uma elevada percentagem de mortalidade. Estes eram amigos do ambiente, facilmente disponíveis e económicos.

Rahuman *et al.* (2018) isolaram os compostos larvicidas de *Abutilón indicum* (Linn.) juntamente com *Aegle marmelos* (L.) Correa, *Euphorbia thymifolia* L., *Jatropha gossypifolia* L. e *Solanum torvum* Sw. utilizando solventes de acetona etílica, éter de petróleo, acetona e metanol para descobrir a toxicidade contra larvas de 4th instares iniciais de *Culex quinquefasciatus* Say. Todos os extractos tiveram efeitos larvicidas moderados, sendo o mais elevado no caso do *Abutilon indicum.* O bioensaio guiado pela ativação do *Abutilon Tridicum* permitiu a separação e identificação do P-sitosterol como potencial composto larvicida de mosquitos, com valores de 11,49, 3,58 e 26,67 ppm, contra *Aedes aegyptii* L., *Anopheles stephensi* Liston e *Culex quinquefasciatus* Say, respetivamente. A presença de P-sitosterol foi isolada no extrato da planta.

Rajkumar & Jebanesan (2005) estudaram a inibição larvicida e da emergência de adultos de alguns extractos de folhas contra *Culex quisquefasciatus* Say. Verificou-se que o extrato de folhas era mais promissor. Por conseguinte, para controlar o *Culex quisquefasciatus,* a aplicação deste pode ser feita diretamente em pequenos volumes nos habitats aquáticos e nos locais de reprodução em redor das habitações humanas (Rajkumar & Jebanesan, 2005). Magi. *et al.* (2006) avaliaram diferentes produtos vegetais para o tratamento da sarna suína causada por ácaros. Foram utilizados extractos de *Artemisia vulgaris* Burm.f., *Tanacetum vulgare* L., *Artemisia abisinthium* L. e sete óleos essenciais etíreos medicinais como emulsão a 1% de *Allium sativum* L., *Piper nigrum* L., *Juniperus communis* L., *Cymbopogon nardus* Rendle, *Mentha pulegium* L., *Encalyptus globulus* Labill, *Melaleuca alternifolia* Gheel em explorações de suínos para controlar a sarna sarcóptica suína *(Sarcoptes scabiei var. suis* (L.) Latreille. Este tratamento foi efectuado em todo o corpo com um intervalo de uma semana e foram seleccionados dois grupos de suínos. Um grupo foi tratado e o outro grupo manteve-se sem tratamento. Todos os tratamentos inibiram o desenvolvimento do ácaro do maneio dos suínos. De acordo com os autores, esta poderia ser uma alternativa aos medicamentos químicos sintéticos para o controlo do ácaro do maneio dos suínos.
Laus *et al.* (2008) estudaram a eficácia das plantas medicinais no tratamento e controlo das pulgas com base numa entrevista feita pelos autores aos agricultores biológicos, num total de cerca de 60, e discutiram com eles os tratamentos à base de plantas. As plantas testadas foram *Artemisia vulgaris* L., *Citrus limon* (L.), *Juniperus communis* L. *var. depressa* Pursh., *Lavendula officinalis* L., *Melissa officinalis* L. e *Thujaplicata* Donn ex D. Don. Foram investigadas as propriedades sem restrições das plantas. O problema de ouvido foi tratado com *Achillea multifolium* L., *Calendula officinalis* L. e *Helichrysum angustifolium* (Roth.) G. Don., *Allium sativum* L., *Berberis aquifolium* Pursh., *Mahonia aquifolia, Glycyrrhiza glabra* L., *Lobelia inflata* L., *Matricaria recutita* L., *Melaleuca alternifolia* L., *Origanum vulgare* L., *Ricinus communis* L., *Syzygium aromaticum* (L.) Merr. & L. M. Perry, *Thymus vulgaris* L. e *Verbascum thapsus* L. Foi examinada a propriedade larvicida de alguns extractos de plantas medicinais contra *Anopheles subpictus* Grassi e *Culex tritaeneorhynchus* Giles. Foram utilizados vários solventes, tais como acetona, clorofórmio, acetato de etilo, hexano, metanol e éter de petróleo. As folhas e as sementes de *Cassia auriculata* L., *Leucas aspera* (Willd.), *Rhinacanthus nasutus* Kurz, *Solanum torvum* Swartz e *Vitex negundo* L. foram utilizadas contra larvas de 4th instares de *Anopheles* e o vetor da encefalite japonesa, *Culex tritaeniorhynchus* . Todos os extractos mostraram um efeito larvicida moderado e o mais elevado foi encontrado nos extractos de folhas de éter de petróleo (Kamaraj *etal.,* 2008).
Sharma & Kumar (2009) estudaram a eficácia antimicrobiana dos flavonóides de *Lantana camara* L. e comunicaram a sua forte atividade antimicrobiana com uma gama baixa de concentração inibitória mínima, pelo que poderiam ser explorados para futuros medicamentos microbianos à base de plantas. Sabe-se que os microrganismos seleccionados causam diarreia, infecções do trato urinário e sépsis, enquanto a principal causa de infecções nosocomiais, supurativas e intoxicação alimentar é *S. aureus.* Do mesmo modo, a candidíase foi causada por *Candida albicans* (C. P. Robin) Berkhout e *Trichophyton mentagrophytes* (Robin) BlanChard, conhecido por causar dermatofitose. Patil *et al.* (2011) estudaram a bioeficácia dos extractos das plantas *Plumbago zeylanica* L. e *Cestrum nocturnum* L. contra o *Aedes aegyptii* L., bem como contra o peixe não

visado, *Poecilia reticulata* Peters. A análise qualitativa do extrato bruto de *P. zeylanica* e *C. nocturnum* revelou a presença de fitoquímicos bioactivos com predominância de plumbagina em *P. zeylanica* e saponina em *C. nocturnum*. Foram obtidas plumbagina e saponina parcialmente purificadas, confirmadas por cromatografia de camada fina (TLC) e teste bioquímico. As experiências de bioensaio do metabolito secundário parcialmente purificado mostraram um potencial efeito larvicida contra larvas de mosquitos (4th instar da forma larvar). Concluíram que a utilização destes produtos naturais seria segura contra o vetor responsável por doenças de importância para a saúde pública.

A atividade larvicida do extrato etanólico de *Evodia rutaecarpa* (Wuzhuyu) foi testada em relação a frutos não maduros contra a larva de *Aedes albopictus* (Skuse). A separação cromatográfica dirigida pela bioatividade do extrato de clorofórmio de colunas repetidas de gel de sílica revelou o isolamento de três alcalóides (evodiamina, rutaecarpina e wuchuyuamida I) e dois limonóides (evodol e limonina). A estrutura dos compostos constituintes foi elucidada por espetrometria de massa de impacto eletrónico de alta resolução e ressonância magnética nuclear. A evodiamina, a rutaecarpina e a wuchuyuamida I apresentaram uma forte atividade larvicida contra as larvas de quarto instar de *A. albopictus* com valores LC50 de 12,51, 17,02 e 26,16 pg/ml, respetivamente. A limonina e o evodol também possuíam atividade larvicida contra os mosquitos tigre asiático com valores LC50 de 32,43 e 52,22 pg/ml, respetivamente, enquanto o extrato de etanol tinha um valor LC50 de 43,21 pg/ml. O autor concluiu que o extrato etanólico de *E. rutaecarpa* e os 5 compostos isolados tinham um bom potencial como fonte de larvicida natural. De acordo com os autores, qualquer tentativa de desenvolver um agroquímico derivado de alcalóides deve ser cuidadosamente avaliada quanto a efeitos nocivos. Os seus modos de ação larvicida devem ser estabelecidos e devem ser elaboradas formulações de potência larvicida e estabilidade para reduzir o custo (Liu *et al.*, 2012). Singh & Kaur (2015) estudaram a bioeficácia de *Azadirachta indica* A. Juss na sobrevivência e desenvolvimento de Myasis causada pela larva de *Chrysomya bezziana* (Villeneuve). O bioensaio foi realizado em larvas de 3rd instares e os extractos foram preparados utilizando 4 solventes diferentes, como éter de petróleo, clorofórmio, acetato de etilo e metanol, todos tiveram efeitos tóxicos nas larvas em ambas as técnicas, como o método de imersão e a aplicação de película fina. No método de imersão, a mortalidade mais elevada foi registada no extrato de metanol, seguido do extrato de éter de petróleo, clorofórmio e acetato de etilo com valores LC50 de 1,07g/100ml, 1,7g/100ml, 3,39g/100ml e 4,9g/100ml, respetivamente. No método de aplicação de película fina, o extrato de metanol apresentou a mortalidade mais elevada, seguido de clorofórmio, acetato de etilo e éter de petróleo com valores LC de 0,4mg/cm^2, 0,6mg/cm^2, 2,1mg/cm^2 e 2,5mg/cm^2, respetivamente. O extrato bruto de *Azadirachta indica* poderia ser utilizado contra larvas de *C. bezziana* e ambas as técnicas, como a imersão e a aplicação de película fina, seriam igualmente boas. Adeniran *et al.* (2020) estudaram as utilizações de plantas medicinais para práticas etno-veterinárias (EVP) na Nigéria. Entre o total de 31 espécies de plantas de 25 famílias, 86% dos pastores praticavam as PVE, 64% dos quais afirmaram ter uma elevada proficiência, embora 75% dos pastores com idades compreendidas entre os 20 e os 39 anos tivessem pouca proficiência em PVE. Além disso, 58% utilizavam regularmente o PEV e 14% não utilizavam de todo o PEV. Foi fornecida uma lista de espécies de plantas utilizadas no PVE, com as partes de plantas utilizadas, o modo de preparação e o tipo de programa veterinário utilizado.

Efeitos dos extractos de plantas medicinais no combate às doenças parasitárias

Verificou-se que a planta *Anogeisous leiocarpas* (DC.) Guill & Perr., *Terminalia glaucescens* Planch. foram eficazes contra *Plasmodium falciparum* (Welch), *Lawsonia innermis* L. foi considerada boa contra a tripanossomíase, enquanto 10 plantas medicinais foram eficazes para a preparação de medicamentos anti-helmínticos e *Uvaria afzelli* Scott-Elliot e *Monodora myristica* (Gaertn.) Dunal foram eficazes contra ácaros. Além disso, verificou-se que o extrato de *Withania somnifera* (L.) Dunal actuava como IGR para o controlo de *S. litura* (Okpekon *et al.*, 2004).

Extractos de plantas medicinais com propriedades antifeedantes

As actividades inseticida e antifeedante dos extractos metanólicos de *Allium sativum* L. foram testadas contra um escaravelho, *Attagenus unicolor japonica* (Reitter), e deram 93% de mortalidade a 5,2 mg/cm^2 7 dias após o tratamento. O extrato de botões de *Eugenia caryophyllata* Thunberg deu 100% de mortalidade a 2,6 mg/cm^2 20 dias após o tratamento. O extrato metanólico de *Angelica dahurica* Bentham et Hooker apresentou uma atividade antifeedante completa a 1,3 mg/cm^2 durante um período de 30 dias (Han *et al.*, 2006).

Extractos de plantas medicinais para controlar as pragas dos cogumelos

Yi *et al.* (2008), ao investigarem a toxicidade de 40 extractos de plantas medicinais contra larvas de pragas da mosca do cogumelo, viz. *Lycoriella ingenua* Dufour e *Cololdia fuscipes* Meigan, referiram que a eficácia variava consoante a espécie. O extrato metanólico do córtex de *Acanthopanax sessififlorum* (Rupr. et Max.) Seem., *Asarum sieboldii* Miq. planta inteira, *Aster tataricus* L.f. raiz, *Carthamus tinctorius* L. flor, *Eugenia caryophillata* Thunb. botão de flor, *Illicium verum* Hook. Fil., *Leonurus japonicus* Houttuyn e a raiz de *Rehmannia glutinosa* Lib. var. *purpurea* Makino, causaram 100% de mortalidade nas larvas de *Lycoriella ingenua* Dufour e *C. fuscipes* a 0,07 e 0,14 mg/cm^2 , respetivamente. Estas plantas merecem um estudo mais aprofundado como potenciais insecticidas para o controlo de *L. ingenua* e *C. fuscipes*. Rather & Haq (2010) relataram um bom controlo de ácaros de cogumelos em *Agaricus bisporous* com extractos de *Artemisia* sp. e extractos de *Juglans regia* a uma concentração de 6%, o que proporcionou um bom controlo e não teve qualquer efeito fitotóxico. Os óleos de Neem, Mohua e Eucalyptus provaram proporcionar um bom controlo dos ácaros dos cogumelos (Sangappa, 1977; Singh *et al.*, 1978). Parveen & Gupta (2020) estudaram a bioeficácia de alguns pesticidas verdes, como os extractos de folhas de citrinos, o extrato de folhas de anona em concentrações de 2% e 5%, o óleo de neem (2ml)+água (25ml) e o mesmo com 4ml+25ml de água e a pasta de malagueta verde (5mg)+50ml de água e o mesmo com 15mg+50ml de água contra o cogumelo branco leitoso, *Calocybe indica*, revelaram que a mortalidade média foi mais elevada em 76.15% no caso da pasta de malagueta verde 12 mg+50 ml de água, seguida do mesmo constituinte, 5mg+50ml de água (68,69% de mortalidade). A folha de citrinos 2% foi a mais fraca de todas, registando uma mortalidade de 35,85%. O extrato de anona também foi considerado igualmente bom. Avaliação de produtos vegetais (óleos) em ácaros adultos de cogumelos em 5 concentrações (6,25, 1,25, 0,25, 0,05 e 0,01%) em condições laboratoriais e verificou-se que a mortalidade variava com a concentração de produtos vegetais. A toxicidade relativa dos produtos vegetais pode ser organizada na seguinte ordem decrescente de eficácia: Óleo de citronela (64,445) > óleo de cravo (49,77%) > óleo verde de inverno (43,59%) > chaul moogla (40,65%) > óleo de karanja (7,78%) > óleo de neem (7,30%). O óleo de citronela proporcionou um controlo total em 7 dias. Neste caso, também a eficácia dos óleos vegetais variou com a concentração (Gupta & Mondal, 2021).

Extractos de plantas medicinais no biocontrolo de pragas

Foi realizado um estudo no Irão entre 2001 e 2006 para identificar afídeos e os seus parasitóides em plantas de valor terapêutico. De 140 associações, foi recolhido e identificado um total de 65 espécies de afídeos e 34 espécies de parasitóides. Os parasitóides dos afídeos incluíam *Lysiphlebus fabarum* (Marshall). O impacto dos hiperparasitóides parece ter reduzido a eficácia dos parasitóides na erradicação de toda a colónia de afídeos mumificados. Estes incluíam espécies como, *Asaphes vulgaris* Walker, *Pachyneuron aphidis, Syrphophagus aphidivorus* (Mayr), e *Alloxysta* spp. Os autores sugeriram um estudo aprofundado para verificar a eficácia dos parasitóides como agentes de biocontrolo. (Talebi *et al.*, 2009). Xiang *et al.* (2016) examinaram 208 isolados fúngicos endofíticos recolhidos do caule, folhas e flores de 26 espécies de plantas medicinais para determinar as suas actividades antimicrobianas. Vanichpakorn *et al.* (2010) analisaram 25 extractos de 5 espécies de plantas medicinais chinesas contra larvas de *Plutella xylostella* L. pelo método de bioensaio de imersão. Zhang *et al.* (2020) examinaram os microbiomas associados às raízes e estabeleceram uma correlação entre o composto bioativo e o microbioma. Leontopoulos *et al.* (2020) utilizaram plantas medicinais como ferramenta importante para o controlo biológico de pragas. Segundo Gahukar (2012), 6000 espécies de plantas medicinais continham compostos fenólicos, flavonóides, compostos aromáticos, esteróides, alcalóides, cianetos orgânicos, etc., que têm um papel importante no biocontrolo de pragas. A percentagem média de redução de ácaros-praga foi de 10,58, 8,87, 7,67 e 5,70 com a libertação de 10, 15, 20 e 25 predadores por planta, respetivamente. De acordo com os autores, a libertação de 25 predadores por planta foi considerada eficaz para o controlo de *Tetranychus macfarlanei* Baker & Pritchard em *Withania somnifera* (L.) Dunal (Mondal & Gupta, 2021).

Efeitos das alterações climáticas nas plantas medicinais

Prevê-se que as alterações climáticas tenham efeitos adversos e prejudiciais de várias formas para as plantas medicinais, como a diminuição da disponibilidade de plantas medicinais. 2. Extinção de muitas espécies. 3. Uma grande parte da população humana será privada de receber plantas medicinais nos cuidados de saúde, especialmente as pessoas que vivem em zonas rurais. 4. Ter um efeito adverso no conhecimento tradicional e no sistema de saúde tradicional. 5. Diminuição da produtividade. 6. Redução do conteúdo fitoquímico e das suas propriedades farmacêuticas. 7. Alteração do cenário de interação entre a planta hospedeira e a praga-doença. 8. Na dinâmica sucessional das espécies de plantas medicinais, especialmente na floresta conferral alpina e no padrão de precipitação, que terá um efeito adverso no desaparecimento das plantas medicinais. De acordo com uma Modelagem de Nicho Ecológico (ENM) de You *et al.* (2018), foi previsto que a área geográfica de uma planta medicinal *Rhiodiola quadrifida* se contrairá, mas a área potencial de outras *Rhiodiola* spp. se expandirá. Mas, ao contrário disso, Xan *et al.* (2018), seguindo a ENM, previram a população de *R. crinuleta*. A modelagem MaxEnt de três plantas medicinais (Asclepiads) no Paquistão previu que cada espécie perderá alguns de seus habitats atuais e ganhará alguns novos habitats (Khanum, *et al.*, 2013). As alterações climáticas conduzirão a algumas alterações fonológicas nas plantas medicinais (Cavallere, 2008). A maior percentagem de plantas medicinais que crescem a grande altitude na região alpina será mais suscetível de extinção. As plantas medicinais das zonas áridas estarão em risco devido às alterações climáticas. O habitat da estepe desértica com plantas medicinais chinesas, *Glycyrrhiza uralensis* (Fise.), será degradado na última década devido às alterações climáticas e às actividades antropogénicas (Huang *et al*, 2018). Atualmente, pertence à categoria das espécies ameaçadas de extinção (Zhang *et al.*, 2011, Brinckmann, 2015). O declínio da população levou à intensificação do cultivo (Applequist *et al.*, 2020). Prevê-se que as alterações climáticas tenham um impacto negativo que conduzirá à insegurança alimentar e à exposição a temperaturas elevadas. Prevê-se também que as doenças transmitidas por vectores, como a malária e a febre de Hey, aumentem (Frei, 1998, Ziello *et al.*, 2012, Zhang *et al.*, 2014). As alterações climáticas irão alterar a produtividade dos conteúdos químicos das plantas medicinais, (Welch, 2004; Davis, 2009; Bohn et al., 2014; Figas *et al.*, 2015). Assim, a bioatividade das plantas medicinais será afetada. O efeito ecológico das alterações climáticas seria maior nos habitats montanhosos (Salick *et al.*, 2009; Pepin *et al.*, 2015). O efeito das alterações climáticas e do aquecimento global conduzirá a extremos climáticos mais elevados, como mais secas, chuvas intensas, ondas de calor e vagas de frio (Zhang *et al.*, 2014). Todos estes factores terão impacto no crescimento e na reprodução das plantas medicinais. O aumento das condições de seca pode levar ao aumento do registo de patentes de algumas plantas medicinais que crescem nessas regiões (Applequist *et al.*, 2020). Pode concluir-se que o aumento dos extremos ambientais e as perdas económicas devidas às alterações climáticas são susceptíveis de ser muito prejudiciais para a saúde pública a nível mundial e, simultaneamente, a resiliência proporcionada pelo acesso a plantas medicinais benéficas é suscetível de diminuir. Estas alterações terão um efeito adverso, aumentando o sofrimento humano e as mortes evitáveis. Por conseguinte, devem ser tomadas medidas para a sua prevenção. Por conseguinte, a atenuação das alterações climáticas e a redução do seu impacto negativo na biosfera e nas comunidades humanas são extremamente importantes.

Por conseguinte, apela-se a que as pessoas que dependem das plantas medicinais para os cuidados de saúde e a alimentação se apresentem para apoiar o cultivo de plantas medicinais em hortas comunitárias, a fim de manter o acesso local, evitando e respeitando os valores do conhecimento tradicional sobre as plantas medicinais e as suas utilizações sustentáveis, incentivando a utilização de um programa de certificação para o material selvagem recolhido, especialmente no caso do comércio internacional de plantas medicinais. Por último, a conservação *ex-situ* será essencial para evitar a extinção global permanente das plantas medicinais devido às alterações climáticas e ao aquecimento global (Applequist *et al.*, 2020).

Plantas medicinais na estratégia IPM

Foi feita uma tentativa de formular um módulo de gestão integrada de pragas, segundo o modo de produção biológico, para os insectos que atacam o melão almiscarado na região árida do Rajastão. Os insectos sobre os quais este módulo foi considerado eficaz foram *Aphis gossypii* Glover, *Diaphania indica* Saunders, *Henosepilachna vigintioctopunctata* Fab. *e Bactrocera cucurbitae* Coquilett. Os resultados indicaram que a menor incidência de pragas foi encontrada no módulo feito pelos autores em comparação com os convencionais. O módulo incluiu a utilização de genótipo resistente (RM-50), pulverização de óleo de Neem aos 20 DAS, instalação de armadilha de feromonas (10/ha) aos 42 DAS, pulverização de extrato de frutos de tumba (TFE-5%) aos 50 DAS e pulverização de spinosad 46 SC aos 60 DAS. Os pesticidas convencionais utilizados pelos agricultores foram a segunda melhor opção (Haldhar *et al.*, 2014).

Plantas medicinais e conhecimentos tradicionais

Klein & Dunkel (2003) tentaram avaliar os conhecimentos tradicionais associados às plantas medicinais utilizadas como medicamentos à base de plantas. Os medicamentos tradicionais à base de plantas eram, na sua maioria, considerados anteriormente como não científicos. Os autores tentaram estabelecer os medicamentos tradicionais à base de plantas e validá-los cientificamente. Lehman *et al.* (2007) desenvolveram uma técnica de gestão de insectos com base nos medicamentos tradicionais do Mali e para os identificar. Levantaram a hipótese de que as plantas utilizadas como medicamentos com atividade microbiana provaram ser agentes insecticidas potentes. Uma lista de 294 espécies de plantas medicinais do Mali foi avaliada utilizando a matriz. Foi identificado um total de 67 espécies que eram utilizadas como medicamentos tradicionais indígenas e 50 espécies foram recomendadas como sendo ambientalmente correctas. O passo seguinte que sugeriram foi a realização de bioensaios laboratoriais de 50 espécies de plantas e recomendaram as que eram ambientalmente correctas. Gakuya *et al.* (2013) enumeraram plantas medicinais utilizadas por curandeiros tradicionais, bem como para fins biopesticidas. As famílias de plantas que foram utilizadas pelos curandeiros tradicionais pertenciam a Asteraceae 10%, Euphorbiaceae 8,6%, Lamiaceae 8,6%, Apocynaceae 2,9%, Flacaurtiaceae 2,9%, Verbenaceae 2,9% e havia 24 famílias com 1,4% de utilização cada. As plantas medicinais foram utilizadas no tratamento de diferentes doenças. Entre as plantas, os arbustos foram os dominantes. As plantas herbáceas com propriedades biopesticidas foram *Prectranthus barbatus* Andr. 47,8%m *Tephrosia vogelii* Hook.f. 4,3% e *Oncoba routledgei* Sprague 4,3%. Os autores sugeriram que a geração jovem deveria ser educada e sensibilizada para a importância dos conhecimentos indígenas e praticá-los na sequência de estudos mais aprofundados.

Eficácia do óleo essencial à base de plantas medicinais no controlo de pragas

Calmasur *et al.* (2006) testaram o óleo essencial de *Micromeria fruticose L., Nepeta racemosa* L.*, Origanum vulgare* L. A mortalidade mais elevada foi registada na dose de 2 Lil./I. de ar a 120 horas de exposição. Os pormenores foram apresentados em Calmasur *et al.* (2006) no parágrafo Mortalidade. Miresmailli (2006) avaliou a eficácia e a persistência do óleo de alecrim (EcoTrol) contra dois ácaros manchados em condições de estufa. O resultado indicou o melhor desempenho do óleo de alecrim, sem fitotoxicidade para a planta hospedeira, e o ácaro predador, *Phytoseiulus persimilis* Athias-Henriot, também não foi afetado. Assim, o EcoTrol será bom para o controlo de pragas e também será amigo do ambiente. Num estudo sobre a eficácia do óleo essencial como inseticida biorracional com base na seletividade dos insectos, uma mistura de óleo essencial de marca registada hexahidroxil aumentou a atividade do óleo contra insectos, como *Callidum violaceum* L., *Trialeurodes vaporariorum* Garmarra, *Leptinotarsa decemlineata* Say. De acordo com os autores, os óleos essenciais seriam uma boa alternativa aos pesticidas químicos no programa de gestão de pragas (Shaaya & Rafaeli, 2007). Batish *et al.* (2008) avaliaram o óleo essencial de eucalipto como pesticida natural. Este produto era seguro do ponto de vista ambiental e toxicológico, sendo um produto natural, e não causava problemas de resistência. Os autores referiram que o óleo de eucalipto tinha propriedades toxicológicas sob a forma de vapor contra uma vasta gama de micróbios e insectos. Poderiam ser explorados comercialmente como fumigantes para pragas de produtos armazenados e também em embalagens. A atividade do óleo pode ser aumentada através da adição de agentes emulsionantes com a ajuda de tensioactivos e adjuvantes para melhorar a sua eficácia. A eficácia dos óleos essenciais de cravo-da-índia, erva-cidreira e citronela foi testada contra *Luciaphorus perniciosus* Rack e verificou-se que os óleos de erva-cidreira e citronela apresentaram a maior atividade de inibição, resultando numa mortalidade de 97,3 e 95,8%, respetivamente, enquanto os óleos essenciais de curcuma e cravo-da-índia foram menos eficazes (Punnuan *et al.*, 2009).

Sertkaya *et al.* (2010) realizaram uma experiência laboratorial para avaliar as actividades acaricidas de algumas plantas medicinais contra *T. cinnabarinus* Boisd. O carvacrol foi o principal composto presente no tomilho e nos orégãos (70,93% e 68,23%, respetivamente), ao passo que a-thujona (65,78%) e a carvona (59,35%) foram os principais constituintes da *Lavandula* e da hortelã, respetivamente. A concentração letal média LC50 do tomilho, dos orégãos, da hortelã e da alfazema foi de 0,53, 0,69, 1,83 e 2,92 gm/L de ar, respetivamente. Assim, de acordo com os autores, os óleos essenciais das plantas seriam bons para o controlo de pragas. Patnaik *et al.* (2011) realizaram uma experiência sobre a alelopatia de plantas medicinais e pesticidas botânicos para o controlo de *Aceria guerreronis* Keifer. A sua experiência mostrou que o tempo necessário para a desidratação e o arrepio das células do corpo da praga demorou apenas 60 segundos. A sua experiência de campo também mostrou que os biopesticidas também podiam ser utilizados para controlar o ácaro eriofídeo do coqueiro. Morey & Khandagle (2012) relataram que óleos essenciais como *Mentha piperata L., Zingiber officinalis* Rosc., *Emblica officinalis* Gaertn, *Cinnamomum verum* J. Presl foram avaliados quanto às suas actividades larvicida, antifeedante, repelente e ovicida contra *Musca domestica* L. A maior atividade larvicida, ou seja, C50=104 ppm, foi demonstrada por *M. piperata*. Esta também apresentou 96,8% de repelência a 1% de concentração. A atividade deterrente de oviposição mais elevada (98,1%) foi mostrada no óleo de *M. pirepata* a 1% de concentração. O óleo *de M. piperata* foi superior a outros 2 óleos essenciais, nomeadamente *C. verum* e *E. officinalis*. De acordo com os autores, os óleos essenciais podem ser uma boa alternativa para o programa de gestão de pragas. Thintal *et al.* (2013) estudaram a bioeficácia do óleo essencial de *Thymus vulgaris* L. e *Eugenia caryophyllus* (Spreng.) contra a mosca doméstica *(Musca domestica* L.). O valor LC50 foi encontrado como sendo 3,18 pg/cm^2 no caso do óleo de tomilho para causar a mortalidade de larvas de *Musca domestica*. No estudo dos efeitos adulticidas do óleo essencial de tomilho, o valor LC50 foi de 32,71 mg/dm^3 , o que foi mais tóxico do que o óleo essencial de folha de cravinho, cujo LC 50 foi de 53,10 mg/dm^3 . O óleo essencial de tomilho também apresentou 21% de repelência.

Laborda *et al.* (2013) estudaram os efeitos do óleo essencial de *Rosmarinus officinalis* e *Salvia officinalis* contra *Tetranychus urticae* Koch em condições laboratoriais e relataram uma redução significativa na emergência de larvas, mas não mostraram qualquer efeito inseticida, o mesmo acontecendo com o referido extrato. As actividades químicas e biológicas de *Artemisia herba-alba* Asso, *Lippia citriodora* Palau, *Mentha polegium* L., *Mentha spicata, Myrtus communis, Rosemarinus officinalis* L. e *Lycopersicum esculentum* Mill foram estudadas e, de todas elas, *L. citriodora, M. spicata* e *Thynus satureioides* Coss. mostraram uma elevada atividade nematicida. Os principais compostos do óleo essencial também foram isolados (Santana et al., 2014).

A varroose é uma doença da *Apis mellifera* L. causada por um ácaro, *Varroa destructor* Anderson e Trueman. Os óleos essenciais e os seus constituintes químicos oferecem uma alternativa segura aos acaricidas sintéticos para o controlo deste ácaro nas colmeias de abelhas. O presente estudo foi realizado para avaliar a atividade antiparasitária dos óleos essenciais de *Thymus kotschyanus* Bioss & Hohen, *Mentha longifolia* L., *Eucalyptus camaldulensis* Dehnh e *Ferula gummosa* L. nas concentrações de 1, 2,5, 4 e 5,5 pl/l de ar após 5 e 10 h. Os resultados indicaram que a mortalidade dos ácaros aumentou com o aumento da concentração e do tempo de exposição. O óleo *de T. kotschyanus* a 5,5 pl/l de ar causou uma mortalidade dos ácaros de 54,4% e 84,43% após 5 e 10 h de fumigação, respetivamente. Com a mesma concentração e o mesmo tempo de exposição, a mortalidade das abelhas foi de 0% e 7,2%, respetivamente. Aplicações dos óleos de *Mentha longifolia* L. e *Eucalyptus camaldulensis* Dehnh. a 5,5 pL/L de ar resultaram em 65,53% e 71,06% de mortalidade, respetivamente, de ácaros *Varrooa* e 10,13% e 12% de mortalidade em abelhas após 10 horas de exposição. De acordo com os autores, os óleos de *T. kotschyanus, M. longifolia* e *E. camaldulensis* têm potencial suficiente para desempenhar um papel importante no programa de controlo integrado (Ghasemi *et al.*, 2016). Benelli *et al.* (2018) investigaram o óleo essencial de *Cannabis sativa* L contra *Culex pipiens* L., *Aedes aegypti* L., *Spodoptera litura* (Fab.) e *Musca domestica* L. e indicaram que estes óleos seriam ferramentas importantes no programa de controlo de pragas (Benelli *et al.*, 2018). Num estudo de avaliação de 3 plantas medicinais argelinas, viz. *Artemisia campestris* L., *Pulicuria arabica* (L.) Cass. e *Saccocalyx satureioidis* Coss. contra *Culex quinquefasciatus* Say e *Musca domestica* L. O óleo essencial de *A. campestris* foi considerado o mais promissor no programa de gestão de pragas (Ammar *etal.*, 2020). Pavela *etal.* (2020) avaliaram o óleo essencial de *Thymus alternans* Klokov e *Teucrium montanum* sub. sp. *jailae* (Juz.) Soo relativamente à sua atividade inseticida contra *Musca domestica L., Culex quinquefasciatus* Say, *Spodoptera littoralis* (Boisduval) e a a-cipermetrina foi mantida como controlo positivo. Os resultados indicaram a propriedade inseticida do óleo essencial de *T. montanum* contra *Spodoptera littoralis* (LD 50/LD 90 = 56,7 / 170,0 mg / Larva) e larvas de *Culex quinquefasciatus* (LC 50/LC90 = 180,5 / 268,7 mg / Larva). Por outro lado, o óleo essencial *de T. montanum* mostrou um bom desempenho contra adultos de *M. domestica* (LD 50 / LD 90 = 103,7 / 223,9 pg / adulto).

Conservação das plantas medicinais

Hamilton (2003) trabalhou na conservação de plantas medicinais. Foi sublinhado que a conservação *ex situ* e a bioprospecção eram ambas importantes. As plantas medicinais têm grandes contribuições para o bem-estar humano, podendo salvar a vida de muitas pessoas em termos de apoio à saúde, rendimento financeiro, identidade cultural e segurança dos meios de subsistência. Foi recomendada a partilha justa e equitativa das vantagens da bioprospecção. No entanto, a concretização destas normas na prática não seria simples. Considerou-se que a conservação e o desenvolvimento sustentável das plantas medicinais seriam muito importantes para os seres humanos. A bioprospecção pode lançar novas luzes para o desenvolvimento de novos medicamentos e, se isso for feito tendo em conta a sua partilha equitativa, o objetivo da CDB será alcançado.

Composição química e actividades biológicas das plantas medicinais

Negrelle & Gomes (2017) investigaram a composição química e a bioatividade de *Cymbopogon citratus* (DC.). Este óleo essencial é utilizado em alimentos, perfumes, cosméticos, produtos farmacêuticos e indústrias inseticidas. As revisões do trabalho farmacológico efectuado por diferentes autores foram discutidas pelos presentes autores. Os extractos das plantas cubanas foram administrados interventivamente em ratos e mostraram efeito hipertensivo. Também foram utilizados na preparação de medicamentos veterinários e no tratamento da sarna (Rajeshwari *et al.* 2000). A sua toxicidade em mamíferos foi inócua (Dubey *et al.* 2000). De acordo com Mishra *et al.* (2001) o extrato quando administrado em ratos não apresentou qualquer efeito adverso em aspectos morfométricos e histológicos. Segundo Silva et al. (1991), o capim-limão não apresentou ação genotóxica e também não teve efeito mutagénico (Silva *et al.* 1991). De acordo com Guerra *et al.* (2000), o extrato desta planta apresentou efeitos hepatotóxicos e nefrotóxicos de 30% e 80% em animais. A germinação de *Digiteria horizontalis* Willd., *Sorghum halepense* (L.) Perg., *Bidens Pilosa* L., *Euphorbia heterophylla* L. e *Raphanus raphanistrum* L. foi inibida em 10% com a aplicação do óleo de capim-limão (Valarini *et al.* 1996). Dudai *et al.* (1999) discutiram o efeito alelopático do capim-limão e a possível utilização do extrato de capim-limão como herbicida.

Efeitos de fumigação de extractos de plantas medicinais

Aslan *et al.* (2004) avaliaram a toxicidade do vapor de óleos essenciais contra *Tetranychus urticae* Koch e *Bemisia tabaci* Genn. O vapor de óleo essencial de *Ocimum basilicum* L., *Thymus vulgaris* L. e *Satureja hortensis* L. foi testado contra larvas e adultos de *Tetranychus urticae* e adultos de *Bemisia tabaci*. Os autores relataram uma eficácia inseticida e acaricida desejável das 3 espécies de plantas. Cardiet *et al.* (2012) testaram a toxicidade de contacto e fumigante de alguns óleos essenciais contra *Sitophilus oryzae* (L.) juntamente com *Aspergillus westerdijkiae* Frisvad & Samson e *Fusarium graminearum* Schwabe. A atividade antifúngica foi testada com os compostos como o eugenol, o carvacrol, o tioisotiocianato (AITC) e o formiato de etilo (EtF) contra fungos micotoxigénicos, *Aspergillus westerdjikiae* e *F. graminearum* e o gorgulho do arroz, *Sitophilus oryzae*. O ensaio de toxicidade por contacto foi utilizado para determinar a mortalidade dos insectos e o ensaio de toxicidade por fumigação foi utilizado para os fungos tóxicos. O teste de micro atmosfera mostrou que o AITC tinha atividade fumigante e esporicida. A concentração da CIM para *A. westerdijkiae* e *F. graminearum* foi de 24,2 e 19,8 pL/L, respetivamente, enquanto que a do óleo essencial de cravinho (OE) foi de 755 e 352 pL/L após um período de incubação de 72 horas. A atividade inseticida de fumigação do AITC foi de 10,8 pL/L. Para o EtF e o óleo essencial de cravinho, só foi possível determinar o valor LC50 após 24 horas de exposição, que foi observado como 41 e 210 pL/L, respetivamente. A investigação sobre a atividade antifúngica combinada em fungos micotoxigénicos das sementes e a atividade inseticida contra o gorgulho do arroz revelou que o AITC em fase de vapor pode ser uma substância ativa promissora para a preservação de grãos armazenados em condições inseguras com risco de crescimento de fungos. A avaliação da toxicidade de contacto e do efeito fumigante das plantas medicinais e do pó de primephos methyl foi feita contra *Callosobruchus maculatus* (Fab.). Os pós de *Azadirachta indica* A. Juss e *Piper guineensae* Schum & Thonn só conseguiram causar 23% e 20% de mortalidade, respetivamente, da praga. Por conseguinte, o seu desempenho não foi satisfatório (Ileke & Bulus, 2012).

Extractos de plantas medicinais numa perspetiva global

Koul & Wahab (2004) publicaram uma revisão que aborda diversos aspectos das plantas medicinais utilizadas desde tempos imemoriais. O autor mencionou as diversas partes do Neem, que incluem sementes, raiz, folha, casca, combustível, madeira e são utilizadas como cosméticos, produtos de higiene pessoal, biopesticidas, etc. Existem mais de 140 princípios activos em diferentes partes da árvore. Os componentes mais importantes que foram identificados foram os tritarpenóides, a azadiractina, que podem combater várias pragas das culturas. Seriam necessários cerca de 20 kg a 30 kg de sementes de nim por hectare se se obtivesse 2 g de azadiractina por kg de sementes. Isto implicará um custo na ordem dos 160 USD, embora na maioria dos países este custo possa ser de 5-20 USD. Segundo as crenças anteriores, a azadiractina não tem qualquer efeito mortífero sobre as pragas, exceto o seu efeito neurotóxico, que apenas influencia o comportamento, mas agora está bem estabelecido que tem um efeito tóxico sobre as pragas, provocando a sua mortalidade. Os produtos à base de nim podem ser de três tipos: produtos domésticos, produtos não acabados e produtos à base de nim prontos a utilizar.

Áreas de lacuna e âmbito de trabalho futuro

A partir da análise efectuada, as áreas de lacuna e o âmbito de trabalho futuro que surgiram são os seguintes
• Uma vez que as plantas medicinais são fontes únicas de medicamentos à base de plantas e têm propriedades pesticidas, antibacterianas, antifúngicas e antivirais, e porque muitas plantas ainda não foram exploradas e exploradas nesta matéria, é necessário lançar um programa para selecionar a enorme riqueza de plantas medicinais com propriedades pesticidas e explorá-las para esse fim. É possível que este estudo venha a destacar muitas plantas medicinais que serão altamente úteis e servirão como boas alternativas aos métodos convencionais de controlo.
• A informação relativa ao efeito dos extractos de plantas medicinais sobre os inimigos naturais e os organismos benéficos no campo das culturas medicinais é muito inadequada, pelo que estes aspectos necessitam de um estudo aprofundado para gerar novos dados.

• A partir desta revisão, verifica-se que há um bom número de insectos e ácaros que são registados em plantas medicinais com pesticidas verdes. No entanto, sublinha-se aqui que este estudo deve ser levado a cabo nas zonas do mundo, como os EUA, a América do Sul, a Austrália, as ilhas oceânicas e alguns países africanos, o que proporcionará conhecimentos adicionais sobre a fauna de insectos e ácaros das plantas medicinais e o seu controlo eficaz com pesticidas botânicos.

• Existe muito pouca informação disponível sobre o índice de danos de pragas importantes de plantas medicinais, os seus hospedeiros alternativos e o ciclo sazonal, pelo que estas áreas devem merecer a atenção dos futuros investigadores.

• Deve ser dada maior ênfase ao controlo biológico e biológico de pragas de plantas medicinais, especialmente no que diz respeito a extractos de plantas, óleos essenciais, óleos de plantas, óleos de peixe, HMO, uma vez que estes são seguros, económicos e têm menos probabilidades de desenvolver problemas de resistência/resurgência/resíduos.

• Até agora, não se sabe praticamente nada sobre o desenvolvimento de uma estratégia de gestão integrada de pragas de insectos e ácaros no caso das plantas medicinais. Esta parece ser uma lacuna enorme e precisa da nossa atenção.

•   Uma vez que é um facto que as alterações climáticas e o aquecimento global têm muitos efeitos adversos no cenário dos hospedeiros de pragas. Muitas plantas medicinais estão a ser classificadas na categoria de raras, em perigo e ameaçadas (RET). É absolutamente necessário proceder à conservação das plantas medicinais em sentido estrito, criando zonas de conservação das plantas medicinais (NPCA), fundos genéticos, viveiros, jardins botânicos, etc., que ajudarão a proteger as plantas medicinais e a evitar o seu desaparecimento definitivo.
•   Recentemente, verificou-se que o óleo essencial tem propriedades insecticidas muito eficazes e que estas precisam de ser exploradas quer em bruto quer em nano formulações.
•   Está agora estabelecido que as plantas medicinais têm um valor imenso não só no caso dos cuidados de saúde humanos, mas também têm uma propriedade potencial de ação inseticida. Muitos dos agricultores não estão conscientes deste facto, pelo que se

sugere que se dê ampla divulgação a estes aspectos através da realização de experiências nos campos de cultivo para realçar as propriedades insecticidas das plantas medicinais, de modo a que os agricultores se convençam e comecem a utilizá-las. Além disso, deve ser dada a devida publicidade nos meios de comunicação electrónicos e impressos para uma ampla circulação desta nova era de controlo de pragas.

Resumo

• Os insectos/ácaros que ocorrem nas plantas medicinais foram documentados, destacando-se as pragas importantes.

• Foi feita uma discussão sobre a bioeficácia dos extractos de plantas para o controlo de pragas, com referência a pragas de insectos/ácaros de plantas medicinais, bem como a sua eficácia em pragas de armazenamento e de cogumelos, e pragas de importância médica e veterinária.

• Também se discute o efeito dos extractos de plantas nos agentes benéficos/bio-controladores, a conservação, as plantas medicinais numa perspetiva global, o efeito das alterações climáticas nas plantas medicinais, etc.

• As áreas de lacuna que foram destacadas são susceptíveis de convidar os futuros trabalhadores a realizar investigação para aprofundar os conhecimentos neste domínio.

Agradecimentos

Os autores ficam em dívida para com o Secretário da Missão Ramakrishna, Narendrapur, Kolkata-700103, por ter fornecido as infra-estruturas sem as quais este trabalho não poderia ser concluído com êxito.

Referências seleccionadas

Abdel-Moniem, A. S. H., & Abd El-Wahab, T. E. 2006. Pragas de insectos e predadores que habitam plantas de rosela, Hibiscus sabdariffa L., uma planta medicinal no Egipto. Archives of phytopathology and plant protection, 39(1): 25-32.

Abdel-Shafy, S., El-Khateeb, R. M., Soliman, M. M. M., & Abdel-Aziz, M. M. 2009. A eficácia de alguns extractos de plantas medicinais selvagens na sobrevivência e desenvolvimento de larvas de terceiro instar de *Chrysomyia albiceps* (Wied) (Diptera: Calliphoridae). Tropical Animal Health and Production, 41: 1741-1753.

Abdul Rahuman, A., Gopalakrishnan, G., Venkatesan, P., & Geetha, K. 2008. Isolamento e identificação do composto larvicida de mosquito de *Abutilón indicum* (Linn.) Sweet. Parasitology research, 102: 981-988.

Adedire, C. O., & Akinneye, J. O. 2004. Atividade biológica da calêndula, Tithonia diversifolia, sobre o bruquídeo de sementes de feijão-frade, *Callosobruchus maculatus* (Coleoptera: Bruchidae). Anais de Biologia Aplicada, 144: 185-189.

Adeniran, L. A., Okpi, S., Anjorin, T. S., & Ajagbonna, O. P. 2020. Plantas medicinais utilizadas em práticas etnoveterinárias no Território da Capital Federal, Centro-Norte da Nigéria. Jornal de Pesquisa de Plantas Medicinais, 14(8): 377-388.

Adesina, S. K. 2005. O *Zanthoxylum* nigeriano; valores químicos e biológicos. Jornal Africano de Medicinas Tradicionais, Complementares e Alternativas, 2(3): 282-301.

Afsah, A. F. E. 2015. Levantamento de insetos e ácaros associados a plantas de groselha do Cabo *(Physalis peruviana* L.) e impacto de alguns materiais seguros selecionados contra as principais pragas. Anais da Ciência Agrícola, 60(1): 183-191.

Ahmed, B. I., Onu, I., & Mudi, L. 2009. Bioeficácia no terreno de extractos de plantas para o controlo de pragas de insectos pós-floração do feijão-frade *(Vigna unguiculata* (L.) Walp.) na Nigéria. Journal of Biopesticides, 2(1): 37-43.

Ahmed, Z., Gupta, S. K. & Debnath, N. 2015. Insetos e ácaros que infestam plantas usadas no Sistema Unani de Medicamentos com avaliação da bioeficácia de alguns pesticidas verdes para o controle de uma espécie de praga, *Ferrisia virgata,* Homoptera: Pseudococcideae. Global J. Res. Ann., 4(10): 1-4.

Akinneye, J. O., & Ogungbite, O. C. 2013. Actividades insecticidas de algumas plantas medicinais contra *Sitophilus zeamais* (Motschulsky) (Coleoptera: Curculionidae) em milho armazenado. Arquivos de Fitopatologia e Proteção de Plantas, 46(10): 1206-1213.

Ammar, S., Noui, H., Djamel, S., Madani, S., Maggi, F., Bruno, M., Romano, D., Canale, A., Pavela, R.& Benelli, G. 2020. Óleos essenciais de três plantas medicinais argelinas *(Artemisia campestris, Pulicaria arabica* e *Saccocalyx satureioides~)* como novos insecticidas botânicos? Environmental Science and Pollution Research, 27: 26594-26604.

Applequist, W. L., Brinckmann, J. A., Cunningham, A. B., Hart, R. E., Heinrich, M., Katerere, D. R., & Andel, T.V. 2020. Alerta dos cientistas sobre as alterações climáticas e as plantas medicinais. Planta medica, 86(01): 10-18.

Aslan, Í., Ozbek, H., Qalma§ur, O., & §ahin, F. (2004). Toxicidade dos vapores de óleos essenciais para duas pragas de estufa, Tetranychus urticae Koch e Bemisia tabaci Genn. *Industrial crops and products, 19(2)*, 167-173.

Awadalla, H. S. (2017). A abundância populacional das espécies de cochonilhas que infestam as romãzeiras e os seus predadores de insectos associados na região de Mansoura, Egipto. Jornal de Proteção das Plantas e Patologia, 8(1), 15-19.

Babu, A., Perumalsamy, K., Subramaniam, M. S. R., & Muraleedharan, N. 2008. Utilização do extrato aquoso da semente de nim para a gestão do ácaro vermelho que infesta o chá no sul da Índia. J. Plant Crops, 36(3): 393-397.

Baskar, K., Maheswaran, R., Kingsley, S., & Ignacimuthu, S. 2010. Bioeficácia de *Couroupita guianensis* (Aubl) contra larvas de Helicoverpa armigera (Hub.) (Lepidoptera: Noctuidae). Revista Espanhola de Investigação Agrária, 8 (1): 135-141.

Baskar, K., Sasikumar, S., Muthu, C., Kingsley, S., & Ignacimuthu, S. 2011. Bioeficácia de *Aristolochia tagala* Cham. contra *Spodoptera litura* Fab. (Lepidoptera: Noctuidae). Saudi Journal of Biological Sciences, 18(1): 23-27.

Batish, D. R., Singh, H. P., Kohli, R. K., & Kaur, S. 2008. Eucalyptus essential oil as a natural pesticide. Forest Ecology and Management, 256: 2166-2174.

Benelli, G., Pavela, R., Petrelli, R., Cappellacci, L., Santini, G., Fiorini, D., Sut, S., Dall'Acqua,S., Canale, A. & Maggi, F. 2018. O óleo essencial de subprodutos industriais de cânhamo (Cannabis sativa L.) como uma ferramenta eficaz para o manejo de pragas de insetos em culturas orgânicas. Culturas e produtos industriais, 122: 308-315.

Bohn, T., Cuhra, M., Traavik, T., Sanden, M., Fagan, J., Primicerio, R. 2014 Diferenças de composição na soja no mercado: o glifosato acumula-se na soja GM Roundup Ready. Food Chem. 153: 207-215.

Borkataki, S., Das, P., Boruah, I. C., & Sharma, A. 2016. Novo registo de *Aulacophora foveicollis* em *Clerodendrumindicum* (L.) Kuntze do Nordeste da Índia. Jornal Indiano de Pesquisa Agrícola, 50(6): 639-641.

Borkataki, S., Das, P., Deka, R. L., Das, K., & Hazarika, S. 2016. Ocorrência de *Aphis craccivora* em *Clerodendrum indicum - Um* novo registo do nordeste da Índia. Research on Crops, 17(1): 169-171.

Bosly, A. H. 2013. Avaliação das actividades insecticidas dos óleos essenciais de Mentha *piperita* e *Lavandula angustifolia* contra a mosca doméstica, *Musca domestica* L. (Diptera: Muscidae). Jornal de Entomologia e Nematologia, 5(4): 50-54.

Brinckmann, J. A. 2015. Indicações geográficas para plantas medicinais: globalização, alterações climáticas, qualidade e implicações de mercado para plantas botânicas geo-autênticas. World J Tradit Chin Med, 1: 16-23.

Brinckmann, J.A. 2016. Sustainable Sourcing: Markets for certified Chinese medicinal and aromatic Plants (Mercados para plantas medicinais e aromáticas chinesas certificadas). Genebra: Centro de Comércio Internacional.22

Qalma§ur, O., Aslan, i., & §ahin, F. 2006. Efeito inseticida e acaricida de três óleos essenciais de plantas Lamiaceae contra *Tetranychus urticae* Koch e *Bemisia tabaci* Genn.

Industrial Crops and Products, 23(2), 140-146.

Cardiet, G., Fuzeau, B., Barreau, C., & Fleurat-Lessard, F. 2012. Toxicidade de contacto e fumigante de alguns constituintes de óleos essenciais contra uma praga de insetos de grãos *Sitophilus oryzae* e dois fungos, *Aspergillus westerdijkiae* e *Fusarium graminearum*. Journal of Pest Science, 85(3): 351-358.

Cavaliere C.2008. Os efeitos das alterações climáticas nas plantas medicinais e aromáticas. Herbal Gram, 81: 44-57.

Chintalchere, J. M., Lakare, S., & Pandit, R. S. 2013. Bioeficácia dos óleos essenciais de *Thymus vulgaris* e *Eugenia caryophyllus* contra a mosca doméstica, *Musca domestica* L. The Bioscan, 8 (3): 1029-1034.

Das, T., & Chakraborty, K. 2018. Ocorrência sazonal e registo de plantas hospedeiras alternativas da cochonilha da manga, *Drosicha mangiferae,* em relação aos parâmetros climáticos em Malda, Bengala Ocidental. The Pharma Innovation Journal, 7(9): 55-61.

Davis, D. R. 2009. Declínio da composição nutricional de frutas e vegetais: Quais são as provas? HortScience. 44: 15-19.

Degu, S., Berihun, A., Muluye, R., Gemeda, H., Debebe, E., Amano, A., Abebe, A., Woldkidan, S. & Tadele, A. 2020. Plantas medicinais utilizadas como repelente, inseticida e larvicida na Etiópia. Jornal Internacional de Farmácia e Farmacologia, 8(5): 274-283.

Dubey, D., Mondal, S. & Gupta, S. K. 2022. Um estudo laboratorial preliminar sobre a bioeficácia de alguns óleos essenciais vis-á-vis pesticidas químicos e botânicos em *Petrobia harti* (Ewing) (Acari: Tetranychidae), uma praga grave de uma erva daninha, *Oxalis corniculata* em (Família: Oxalidaceae) campo de cultivo. The Pharma Innovation Journal, 11(6): 526-528.

Dubey, N.K., Tripathi, P., Singh, H.B. 2000. Perspectivas de alguns óleos essenciais como agentes antifúngicos. Jornal de Ciências de Plantas Medicinais e Aromáticas, 22(1): 350- 354.

Dudai, N. et al. 1991. Essential oils as allelochemicals and their potential use as herbicides. Journal of Chemical Ecology, 25(5):1079-89.

Elango, G., Rahuman, A. A., Kamaraj, C., Bagavan, A., Zahir, A. A., Santhoshkumar, T., Marimuthu, S., Velayutham, K., Jayaseelan, C., Krithi,A.V. & Rajakumar, G. 2012. Eficácia dos extractos de plantas medicinais contra a térmita subterrânea de Formosan, *Coptotermes formosanus*. Culturas e Produtos Industriais, 36(1): 524-530.

El-Karim, H.S.A., Rahil, A.A.A., & Rizk, M. A. 2017. Efeitos da plantação orgânica e convencional de camomila sobre a ocorrência de algumas pragas de insetos sugadores e seus inimigos naturais na governadoria de Fayoum, Egito. Egyptian Academic Journal of Biological Sciences. A, Entomology, 10(4): 27-41.

El-Saeady, A. A., Ibrahim, I. L., Hammad, S. A., & El-Fattah, S. S.A., 2017. Diversidade de insetos nos campos da árvore de baqueta *Moringa oleifera* (Lam), (Moringaceae). Annals Agric Sci Moshtohor, 55(1): 145-150.

Erdogan, P., Yildirim, A., & Sever, B. 2012. Investigações sobre os efeitos de cinco extratos vegetais diferentes no ácaro de duas manchas *Tetranychus urticae* Koch (Arachnida: Tetranychidae). Psyche: A Journal of Entomology, 1-5.

Feng, X., Jiang, H., Zhang, Y., He, W., & Zhang, L. 2012. Actividades insecticidas de extractos de etanol de trinta plantas medicinais chinesas contra *Spodoptera exigua* (Lepidoptera: Noctuidae). Jornal de Pesquisa de Plantas Medicinais, 6(7): 1263-1267.

Fennell, C. W., Sparg, S., Stafford, G. I., & Van Staden, J. 2004. Avaliação da eficácia e segurança das plantas medicinais africanas: Práticas agrícolas e de armazenamento. Journal of ethnopharmacology, 9(2-3): 113-121.

Fernando, H. S. D., & Karunaratne, M. M. S. C. 2013. Folhas de Mella *(Olax zeylanica)* como um repelente ecológico para o manejo de pragas de insetos de armazenamento, Journal of Tropical Forestry and Environment, 3 (1): 64-69.

Figás, M.R., Prohens, J., Raigón, M.D., Fita, A., Garcia-Martinez, M.D., Casanova, C., Borrás, D., Plazas, M., Andújar, I., Soler, S. 2015.Characterization of composition traits related to organoleptic and functional quality for the differentiation, selection and enhancement of local varieties of tomato from different cultivar groups. Food Chem. 187: 517-524.

Frei, T. 1998 The effects of climate change in Switzerland 1969-1996 on airborne pollen quantities from hazel, birch and grass. Grana, 37: 172-179.
Gahukar, R. T. 2012. Avaliação de produtos derivados de plantas contra pragas e doenças de plantas medicinais: uma revisão. Proteção das Culturas, 42: 202-209.

Gahukar, R. T. 2012. Avaliação de produtos derivados de plantas contra pragas e doenças de plantas medicinais: uma revisão. Proteção das Culturas, 42: 202-209.

Gahukar, R. T. 2014. Fatores que afetam o conteúdo e a bioeficácia dos fitoquímicos do nim *(Azadirachta indica* A. Juss.) usados no controle de pragas agrícolas: Uma revisão. Proteção das culturas, 62: 93-99.

Gahukar, R. T. 2018. Manejo de pragas e doenças de importantes plantas medicinais e aromáticas tropicais/subtropicais: Uma revisão. Jornal de Pesquisa Aplicada em Plantas Medicinais e Aromáticas, 9: 1-18.

Gakuya, D. W., Itonga, S. M., Mbaria, J. M., Muthee, J. K., & Musau, J. K. 2013. Levantamento etnobotânico de biopesticidas e outras plantas medicinais tradicionalmente utilizadas no distrito central de Meru, no Quénia. Jornal de etnofarmacologia, 145: 547-553.

Gaur, S. K., & Kumar, K. 2017. Bioeficácia de extractos de raízes de uma planta medicinal, *Withania somnifera* (Dunal) contra uma praga polífaga, *Spodoptera litura* (Fabricius) (Lepidoptera: Noctuidae). Archives of phytopathology and plant protection, 50(15-16): 802-814.

Gaur, S. K., & Kumar, K. 2019. Uma bioeficácia comparativa de extratos de sementes e raízes de uma planta medicinal, *Withania somnifera,* quando administrada a prepupae de insetos lepidópteros, *Spodoptera litura* (Lepidoptera: Noctuidae) e *Pericallia ricini* (Lepidoptera: Arctiidae). The Journal of Basic and Applied Zoology, 80: 1-15.

Ghasemi, V., Moharramipour, S., & Tahmasbi, G. 2011. Atividade biológica de alguns óleos essenciais de plantas contra *Varroa destructor* (Acari: Varroidae), um ácaro ectoparasita de *Apis mellifera* (Hymenoptera: Apidae). Acarologia experimental e aplicada, 55: 147-154.

Ghasemi, V., Moharramipour, S., & Tahmasbi, G. H. 2016. Estudos em gaiola de laboratório sobre a eficácia de alguns óleos essenciais de plantas medicinais no controlo da varroose em *Apis mellifera* (Hym.: Apidae). Acarologia Sistemática e Aplicada, 21(12): 1681-1692.

Ghosal, S. 2005. Estudos sobre taxonomia e bioecologia de ácaros fitófagos e predadores que ocorrem em plantas de mangal e culturas agro-horticolas na Reserva da Biosfera de Sundarbans e relação da alimentação dos ácaros com componentes bioquímicos de algumas dessas plantas. Tese de doutoramento, Universidade de Jadavpur, Calcutá, 253.

Ghosal, S., Gupta, S. K. & Mukherjee, B. 2004, Seasonal abundance of phytophagous and predatory mites on mangrove vegetation and agri-horticultural crops of Sundarban Biosphere Reserve. Acarina, 12(1): 49-56.

Ghosh, S. & Gupta, S. K. 2003. A report on mites occurring on medicinal plants in West Bengal. Rec. Zool. Surv. India, 101 (3-4): 287-298.

Ghosh, S. & Singh, R. 2004. Afídeos em plantas medicinais no Nordeste da Índia (Insecta: Homoptera: Aphididae). Rec. Zool. Surv. India, 102(1-2): 169-186.

Ghoshal, S., Gupta, S. K. & Chaudhury, A. 2003. Diversity of phytophagous and predatory mites on mangrove and agri-horticultural crops in Sundarbans Biosphere Reserve, West Bengal. Rec. Zool. Surv. India, 101(3-4): 61-68.

Gupta, S. K. & Bose, B. 2017. Ácaros (Acari) em plantas medicinais no sul de Bengala, Índia. Rec. Zool. Surv. India, 117(2):1-29.

Gupta, S. K. & Mondal, A. 2020. Mushrooms: (Importance, Pests and Diseases, their Management). LAP Lambert Academic Publishing, 110pp.

Gupta, S. K. & Mondal, A. 2021. Uma lista de ácaros que ocorrem em plantas medicinais na Índia. Rec. Zool. Surv. India, Occasional Paper No. 407. 1-155.

Gupta, S. K. & Mondal, A. 2021. Ácaros e nemátodos em plantas medicinais na Índia: Diversity, Bio-ecology and Management with Bio-pesticides. Narendra Publishing House, Nova Deli, 368.

Gupta, S. K. & Mondal, A. 2022. Sobre uma coleção de ácaros que ocorrem em plantas medicinais e orquídeas no sopé dos Himalaias (Bengala Ocidental: Índia). Journal of Entomology and Zoology Studies, 10(3): 110-118.

Gupta, S. K. & Mondal, J. 2015. Bioeficácia de alguns pesticidas verdes contra *Tetranychus ludeni* Zacher infestando Bach *(Acorus calamus* L.). International J. Sci. Res., 4(11): 31-32.

Gupta, S. K. & Mandal, D. 2015. Ciclo de vida de *Brevipalpus deleoni* Pritcahard & Baker em Basak *(Adhatoda vesica)* em combinação de diferentes temperaturas e RH. Global J.

Res. An., 4(8): 112-114.

Gupta, S. K. & Mondal, S. 2018. Novas adições à fauna de ácaros associada a plantas medicinais no sul de Bengala. Bionotes, 20(4): 132.

Gupta, S. K. & Mondal, S. 2018. Flutuação populacional de ácaro fitófago, *Brevipalpus californicus* (Acari: Tenuipalpidae) e ácaro predador, *Paraphytoseius orientalis* (Acari: Phytoseiidae) infectando Holy Basil, *Ocimum basilicum* (Lamiaceae) em Narendrapur, Kolkata (Bengala Ocidental). Bionotes, 20(4): 124-125.

Gupta, S. K. & Samaddar, I. 2018. Bioeficácia de botânicos e bioracionais contra *Tetranychus ludeni* Zacher (Acari: Tetranychidae) em Sarpagandha (*Rauvolfia serpentina*) em condições de laboratório. Bionotes, 20(1): 12-14.

Gupta, S. K. & Sur, S. 2021. Indian Eriophyoidea: Catálogo taxonómico e importância económica. Lambert Academic Publishing Group, Moldova Europe, 233.

Gupta, S. K. 2005. Insectos e ácaros que infestam plantas medicinais na Índia (Diversidade, Bioecologia e Gestão - Um Compêndio). Pub. Ramakrishna Mission Ashrama, Narendrapur, Kolkata-700103, 214.

Gupta, S. K. 2012. Manual: Injurious and beneficial mites infesting agri-horticultural crops in India and their management. Nature Books India, Nova Deli, 342.

Gupta, S. K., & Karmakar, K. 2011. Diversidade de ácaros (Acari) em plantas medicinais e aromáticas na Índia. Zoosymposia, 6: 56-61.

Gupta, S. K., Biswas, H. & Samaddar, I. 2017. Ciclo de vida de *Oligonychus iseilemae* (Acari: Tetranychidae), uma nova praga de *Avicenniagerminans,* uma planta medicinal de mangue de Sundarban em condições de laboratório. Ann. Entomol., 35(2): 85-89.

Gupta, S. K., Ghosal, S. & Chaudhury, A. 2003. Phytophagous and predatory mite fauna of Sundarban Biosphere Reserve: I. Alguns ácaros fitófagos que ocorrem na vegetação dos mangais e nas culturas agro-horticolas. Rec. Zool. Surv. India, 101(3-4): 69-79.

Gupta, S. K., Ghosal, S. & Mukherjee, B. 2004. Phytophagous and predatory mite fauna of Sundarbans Biosphere Reserve. II. Alguns ácaros predadores que ocorrem na vegetação dos mangais e nas culturas agro-horticolas. Rec. Zool. Surv. India, 103(3-4): 1-13.

Gupta, S. K., Ghosal, S. & Mukherjee, B. 2004. Seasonal abundance of phytophagous and predatory mites on mangrove vegetation and agri-horticultural crop of Sundarbans Biosphere Reserve. Acarina, 12(1): 49-56.

Gupta, S. K., Mondal, J. & Chakraborty, B. 2015. Diversidade de alguns ácaros que ocorrem em plantas medicinais no sul de Bengala com novos registos de hospedeiros/habitats juntamente com a sua importância económica. Jornal Global para Análise de Pesquisa, 4(10): 257-260.

Gupta, S. K., Sur, S. & Chakraborty, S. 2022. Plant associated mites of Northeast India. Akinik Publications, Nova Deli, 399.

Haldhar, S. M., Choudhary, B. R., Bhargava, R., & Sharma, S. K. 2014. Desenvolvimento de um módulo orgânico de gestão integrada de pragas (IPM) contra insectos-praga de muskmelon na região árida de Rajasthan, Índia, 2(1):19-24.

Hameed, A., Shah, F. H., Mehmood, M. A., Karar, H., Siddique, B., Nabi, S. K., Amin, A., Pasha, A.M. & Khaliq, Z. 2013. Eficácia comparativa de cinco extractos de plantas medicinais contra pragas de insectos *Rosa indica* e elaboração de efeitos perigosos sobre polinizadores e predadores. Pak. Entomol, 35(2): 145-150.

Hamilton, A. C. 2004. Medicinal plants, conservation and livelihoods (Plantas medicinais, conservação e meios de subsistência). Biodiversity & Conservation, 13: 1477-1517.

Han, M. K., Kim, S. I., & Ahn, Y. J. 2006. Actividades insecticidas e antifeedantes de extractos de plantas medicinais contra *Attagenus unicolor japonicus* (Coleoptera: Dermestidae). Journal of Stored Products Research, 42(1): 15-22.

Hasheminia, S. M., Sendi, J. J., Jahromi, K. T., & Moharramipour, S. 2011. Os efeitos dos extractos brutos de folhas de *Artemisia annua* L. e *Achillea millefolium* L. na toxicidade, desenvolvimento, eficiência alimentar e actividades químicas da pequena couve *Pieris rapae* L. (Lepidoptera: Pieridae). Pesticide Biochemistry and Physiology, 99(3): 244-249.

Havanoor, R., & Rafee, C. M. 2018. Incidência sazonal de pragas sugadoras de pimenta (*Capsicum annum* L.) e seus inimigos naturais. Jornal de Estudos de Entomologia e Zoologia, 6(4): 1786-1789.

Hegde, J. N. 2010. Complexo de Insectos Pragas da Rosa com Especial Referência à Bio-Ecologia e Gestão de Tripes, Scirtothrips Dorsalis Hood (Thysanoptera; Thripidate) (Dissertação de Doutoramento, Universidade de Ciências Agrícolas).

Heinrich, M., Jaeger, A.K, eds. 2015. Ethnopharmacology. Chichester: Wiley.

Huang, J., Wang, P., Niu, Y., Yu, H., Ma, F., Xiao, G., Xu, X. 2018. Mudanças na estequiometria C: N: A estequiometria de P modifica as estratégias de conservação de N e P de uma espécie de estepe do deserto Glycyrrhiza uralensis. Sci Rep, 8: 12668.

Ileke, K. D., & Bulus, D. S. 2012. Avaliação da toxicidade de contacto e do efeito fumigante de algumas plantas medicinais e pós de pirimifos metilo contra a bruquídea do feijão-frade, Callo sobruchus maculatus (Fab.) [Coleoptera: Chrysomelidae] em sementes de feijão-frade armazenadas. Jornal de Ciências Agrícolas, 4(4): 279-284.

Ileke, K. D., & Ogungbite, O. C. 2014. Atividade entomocida de pós e extractos de quatro plantas medicinais contra *Sitophilus oryzae* (L), *Oryzaephilus mercator* (Faur) e *Ryzopertha dominica* (Fabr.). Jordan Journal of Biological Sciences, 7(1): 57-62.

Ileke, K. D., Bulus, D. S., & Aladegoroye, A. Y. 2013. Efeitos de três produtos de plantas medicinais na sobrevivência, oviposição e desenvolvimento da progenitura do bruquídeo do feijão-caupi, *Callosobruchus maculatus* (Fab.)[Coleoptera: Chrysomelidae] infestando sementes de feijão-caupi armazenadas. Jordan Journal of Biological Science, 6(1): 61-66.

Islam, M. A., Amin, M. R., Rahman, H., Yeasmin, F., & Haque, M. E. 2019. Status das pragas de artrópodes que infestam diferentes plantas ornamentais do Bangladesh.

Bangladesh J. Ecol, 1(1):11-15.

Jemaa, J. M. B. 2014. Óleo essencial como fonte de constituintes bioativos para o controle de pragas de insetos de importância econômica na Tunísia. Med Plantas Aromáticas, 3(2): 1-7.

Jovanovic, Z., Kostic, M., & Popovic, Z. 2007. Propriedades protectoras dos grãos de extractos de ervas contra o gorgulho do feijão *Acanthoscelides obtectus* Say. Industrial Crops and Products, 26: 100-104.

Kamaraj, C., Bagavan, A., Rahuman, A. A., Zahir, A. A., Elango, G., & Pandiyan, G. 2008. Potencial larvicida de extractos de plantas medicinais contra *Anopheles subpictus* Grassi e *Culex tritaeniorhynchus* Giles (Diptera: Culicidae). Parasitology research, 104: 1163-1171.

Kamaraj, C., Rahuman, A. A., Bagavan, A., Elango, G., Zahir, A. A., & Santhoshkumar, T. 2011. Atividade larvicida e repelente de extractos de plantas medicinais dos Ghats Orientais do Sul da Índia contra vectores de malária e filariose. Jornal de Medicina Tropical da Ásia-Pacífico, 4(9): 698-705.

Karahroodi, Z. R., Moharramipour, S., & Rahbarpour, A. 2009. Efeito repelente investigado de alguns óleos essenciais de 17 plantas medicinais nativas em adultos *Plodia interpunctella*. American-Eurasian Journal of Sustainable Agriculture, 3(2): 181-184.

Katerere, D.R., Luseba, D. 2010. Medicina botânica etnoveterinária. Medicamentos à base de plantas para a saúde animal. Boca Raton: CRC Press.

Khan, A. U., Choudhury, M. A. R., Khan, A. U., Khanal, S., & Maukeeb, A. R. M. 2020. Produção de crisântemo no Bangladesh: significado do manejo de pragas e doenças de insetos: A review. Journal of Multidisciplinary Applied Natural Science, 1(1), 2535.

Khanum, R., Mumtaz, A.S., Kumar, S. 2013. Previsão dos impactos das alterações climáticas nas asclepiads medicinais do Paquistão utilizando a modelação Maxent. Ata Oecol, 49: 23-31.

Khatri, K., & Lodha, N. 2011. Problemas de saúde enfrentados pelas mulheres devido aos ácaros do pó da casa (HDM) e a sua gestão através da componente de produtos vegetais à base de plantas. Estudos sobre Ciência Doméstica e Comunitária, 5(2): 85-92.

Khatri, K., Lodha, N., & Kaushik, V. 2011. Bio-eficácia dos extractos de ervas no controlo dos ácaros do pó da casa. Journal of Human Ecology, 34(1): 41-48.

Kim, S. I., Roh, J. Y., Kim, D. H., Lee, H. S., & Ahn, Y. J. 2003. Actividades insecticidas de extractos de plantas aromáticas e óleos essenciais contra *Sitophilus oryzae* e *Callosobruchus chinensis*. Journal of Stored products research, 39(3): 293-303.

Kiran, C.M., Hegde, J.N., Chakravarthy, A., Thippesha, K.D., & Kalleshwarswamy, C.M. 2017. Incidência sazonal das principais pragas de insetos e ácaros do jasmim. Jornal Internacional de Microbiologia Atual e Ciências Aplicadas. 6(10):5060-5070.

Klein, R. A., & Dunkel, F. V. 2003. Novas fronteiras na gestão de pragas: Ligando a medicina vegetal ao conhecimento tradicional. American Entomologist, 49(1): 7-16.

Klingeman, W. E., Chong, J. H., Harmon, C., Ames, L., LeBude, A. V., & Chandran, P. 2020. Os registos de insectos cochonilhas de plantas ornamentais ajudam a dar prioridade ao desenvolvimento de recursos fitossanitários. Plant Health Progress, 21(4): 278-287.

Koul, O. & Wahab, S. 2004. Neem: uma perspetiva global. Neem: today and in the new millennium, 1-19.

Ko vendan, K., Murugan, K., Kumar, A. N., Vincent, S., & Hwang, J. S. 2012. Bioeficácia das propriedades larvicidas e pupicidas do extrato de folhas de *Carica papaya* (Caricaceae) e do inseticida bacteriano, spinosad, contra o vetor de chikungunya, *Aedes aegypti* (Diptera: Culicidae). Parasitology Research, 110: 669-678.

Kraikrathok, C., Ngamsaengi, S., Bullangpoti, V., Pluempanupat, W., & Koul, O. 2013. Bioeficácia de alguns extractos de plantas de piperaceae contra *Plutella xylostella* L. (Lepidoptera: Plutellidae). Commun Agric Appl Biol Sci, 78(2): 305-309.

Kulkarni, S.S., Naik, K.V., Jalgaonkar, V.N., Rege, A.V. 2008. Levantamento das infestações de pragas nas plantas medicinais importantes da região de Konkan, em Maharashtra. Pestology. 32:31-33.

Kumari, S., Kumar, N., & Kumar, A. 2016. Incidência sazonal e intensidade de danos do percevejo de renda, *Cochlochila bullita* (Stal) (Hemiptera: Tingidae) em tulsi, *Ocimum basilicum* L. International Journal of Science, Environment and Technology, 5 (6): 4312-4319.

Laborda, R., Manzano, I., Gamón, M., Gavidia, I., Perez-Bermudez, P., & Boluda, R. (2013). Efeitos dos óleos essenciais de Rosmarinus officinalis e Salvia officinalis em Tetranychus urticae Koch (Acari: Tetranychidae). *Industrial Crops and Products, 48,* 106-110.

Lahiri, S., Poddar, S., Saha, G. K. & Gupta, S. K. 2004. Diversidade de ácaros fitófagos e predadores que ocorrem em plantas medicinais em Calcutá. Proc. Zool. Soc. Calcutta, 57: 47-52.

Lahiri, S., Podder, S., Saha, G. K. & Gupta, S. K. 2004. Diversidade de ácaros fitófagos e predadores que ocorrem em plantas medicinais na metrópole de Calcutá. Proc. Zool. Soc. Calcutta, 57(1): 47-52.

Lakhdari, W., Dehliz, A., Acheuk, F., Soud, A., Hammi, H., Mlik, R., & Doumandji-Mitiche, B. 2015. Atividade Acaricida de Extratos Aquosos contra o ácaro da tamareira *Oligonychus afrasiaticus* Meg (Acari: Tetranychidae). Jornal de Estudos de Plantas Medicinais. 3(6):113-117.

Lans, C., Turner, N., & Khan, T. 2008. Tratamentos com plantas medicinais para pulgas e problemas de ouvido de gatos e cães na Colúmbia Britânica, Canadá. Parasitology research, 103: 889898.

Lehman, A. D., Dunkel, F. V., Klein, R. A., Ouattara, S., Diallo, D., Gamby, K. T., & N'Diaye, M. 2007. Produtos de gestão de insectos da medicina tradicional do Mali - Estabelecimento de critérios sistemáticos para a sua identificação. Jornal de etnofarmacologia, 110(2): 235-249.

Leontopoulos, S., Skenderidis, P., & Skoufogianni, G. 2020. Utilização potencial de plantas medicinais como agentes biológicos de proteção das culturas. Biomed. J. Sci. Tech. Res, 25(4): 1932019324.

Liang, Y., Li, J. L., Xu, S., Zhao, N. N., Zhou, L., Cheng, J., & Liu, Z. L. 2013. Avaliação da repelência de alguns óleos essenciais de ervas medicinais chinesas contra *Liposcelis bostrychophila* (Psocoptera: Liposcelidae) e *Tribolium castaneum* (Coleoptera: Tenebrionidae). Journal of Economic Entomology, 106(1): 513-519.

Liu, Z. L., Liu, Q. Z., Du, S. S., & Deng, Z. W. 2012. Atividade larvicida de mosquitos de alcalóides e limonóides derivados de frutos verdes de *Evodia rutaecarpa* contra *Aedes albopictus* (Diptera: Culicidae). Parasitology Research, 111: 991-996.

Magi, E., Jarvis, T., & Miller, I. 2006. Efeitos de diferentes produtos vegetais contra os ácaros da sarna suína. Ata Veterinaria Brno, 75(2): 283-287.

Mahesh Kumar, P., Murugan, K., Kovendan, K., Subramaniam, J., & Amaresan, D. 2012. Eficácia larvicida e pupicida do extrato de folhas de *Solanum xanthocarpum* (Família: Solanaceae) e inseticida bacteriano, *Bacillus thuringiensis,* contra *Culex quinquefasciatus* Say (Diptera: Culicidae). Parasitology Research, 110: 2541-2550.

Mansour, F., Azaizeh, H., Saad, B., Tadmor, Y., Abo-Moch, F., & Said, O. 2004. The potential of middle eastern flora as a source of new safe bio-acaricides to control *Tetranychus cinnabarinus*, the carmine spider mite. Phytoparasitica, 32 (1): 66-72.

Masoudian, F., & Khanjani, M. 2013. Ácaros associados a algumas plantas medicinais (Asteraceae) em Hamedan, Irão. Journal of Crop Protection, 2(2): 209-218.

Miresmailli, S., & Isman, M. B. 2006. Eficácia e persistência do óleo de alecrim como acaricida contra o ácaro rajado (Acari: Tetranychidae) no tomateiro de estufa. Jornal de entomologia económica, 99(6): 2015-2023.

Misrha, M. et al. 2001. Estudos diuréticos sobre o chá de erva-limão de *Cymbopogon citratus* (DC) Stapf em ratos. Jornal paquistanês de investigação científica e industrial, 44(2): 96-100.

Mitra, S., Gupta, S. K. & Ghosh, S. 2015. Bioeficácia de alguns pesticidas verdes em relação à mortalidade e repelência contra *Petrobia harti* Ewing (Acari: Tetranychidae) infestando ervas medicinais, *Oxalis corniculata* L. (Oxalidaceae). Revista Internacional de Investigação Aplicada, 1(11): 739-742.

Mitra, S., Gupta, S. K., & Ghosh, S. 2015. Bioeficácia de alguns pesticidas verdes para a mortalidade e repelência contra Petrobia harti Ewing (Acari: Tetranychidae) infestando ervas daninhas medicinais, *Oxalis corniculata* L. (Oxalidaceae). Int J Appl Res, 1(11): 739-742.

Mondal, A. & Gupta, S. K. 2019. Ácaros em algumas plantas medicinais que ocorrem nos distritos de Purulia e Bankura, no sul de Bengala, com dois novos relatórios da Índia, juntamente com chaves para diferentes categorias taxonómicas. Bionotes, 21(3): 78-88.

Mondal, S. & Gupta, S. K. 2016. Alguns registos de ácaros em plantas medicinais do sul de Bengala com a sua importância económica. Fórum Biológico - Uma revista internacional, 8(2): 108-111.

Mondal, S. & Gupta, S.K. 2021. A note on predatory mites on medicinal plants in South Bengal with results on their predatory-prey interaction. Journal of Entomology and Zoology Studies, 9(4): 292-296.

Mondal, S., & Gupta, S. K. 2021. A note on predatory mites on medicinal plants in South Bengal with results on their predator-prey interaction. Journal of Entomology and Zoology Studies, 9(4): 292-296.

Morey, R. A., & Khandagle, A. J. 2012. Bioeficácia dos óleos essenciais de plantas medicinais contra a mosca doméstica, *Musca domestica* L. Parasitology research, 111(4): 1799-1805.

Motazedian, N., Aleosfoor, M., Davoodi, A., & Bandani, A. R. 2014. Atividade inseticida de cinco óleos essenciais de plantas medicinais contra o pulgão do repolho, *Brevicoryne brassicae.* Jornal de proteção das culturas, 3(2): 137-146.

Mukhopadhyay, D. & Gupta, S. K. 2016. Um estudo da diversidade de ácaros e insectos associados a plantas medicinais no Ramakrishna Mission Garden, Narendrapur, bem como no Agri-horticultural Garden, Alipur e áreas vizinhas. International J. Sci. Res., 5(7): 34-36.

Mwanauta, R. W., Mtei, K. A., & Ndakidemi, P. A. 2014. Compostos bioativos prospectivos de *Vernonia amygdalina, Lippia javanica, Dysphania ambrosioides* e *Tithonia diversifolia* no controle de pragas de insetos de leguminosas. Ciências Agrárias, 5: 11291139.

Nathaniel, O. O., Benjamin, I. I., & Tamo, M. 2007. Atividade inseticida da planta medicinal, Alstonia boonei De Wild, contra *Sesamia calamistis* Hampson. Jornal da Universidade de Zhejiang Ciência B, 8(10): 752-755.

Negahban, M., Moharramipour, S., & Sefidkon, F. 2007. Toxicidade fumigante do óleo essencial de *Artemisia sieberi* Besser contra três insectos de produtos armazenados. Journal of Stored Products Research, 43(2): 123-128.

Negrelle, R. R. B., & Gomes, E. C. 2007. Cymbopogon citratus (DC.) Stapf: composição química e atividades biológicas. Revista Brasileira de Plantas Medicinais, 9(1): 8092.

Nilo, A. S., Kwon, Y. D., & Nilo, S. H. 2019. Óleos de horticultura: possíveis alternativas aos pesticidas e insecticidas químicos. Environmental Science and Pollution Research, 26(21): 21127-21139.

Nirmal, A., Jayaram, C.S., Ganguli, J.L., Tirkey, A. 2015.Scenario of insect pests on Ashwagandha *(Withania somnifera)* inthe plains of Chhattisgarh. Ambiente de insectos. 20(4):142-143.

Norboo, T., Ahmad, H., Shankar, U., Ganai, S. A., Khaliq, N., & Mondal, A. (2017). Incidência sazonal e manejo do ácaro vermelho, *Tetranychus urticae* Koch. infestando rosa. Int. J. Curr. Microbiol. App. Sci, 6(9), 2723-2729.

Ogendo, J. O., Belmain, S. R., Deng, A. L., & Walker, D. J. 2003. Comparação dos efeitos tóxicos e repelentes de *Lantana camara* L. com *Tephrosia vogelii* Hook e um pesticida sintético contra *Sitophilus zeamais* Motschulsky (Coleoptera: Gurculionidae) em grãos de milho armazenados. Revista Internacional de Ciência dos Insectos Tropicais, 23(2):

127-135.

Okpekon, T., Yolou, S., Gleye, C., Roblot, F., Loiseau, P., Bories, C., & Hocquemiller, R., Grellier, P., Frappes, F., Laurens, A. 2004. Actividades antiparasitárias de plantas medicinais utilizadas na Costa do Marfim. Journal of ethnopharmacology, 90(1): 91-97.

Omotoso, O. T. 2008. Eficácia dos extractos de algumas plantas medicinais aromáticas no brucídio do feijão-frade, *Callosobruchus maculatus,* durante o armazenamento. Boletim de Insectologia, 61(1): 21-24.

Omotoso, O. T., Oso,A. A. 2005. Capacidades inseticida e de redução da produtividade de insetos de aloe vera e bryophyllumpinnatum em tribolium castaneum (herbst). Jornal Africano de Zoologia Aplicada e Biologia Ambiental, 7: 95-100.

Othim, S. T. O., Kahuthia-Gathu, R., Akutse, K. S., Foba, C. N., & Fiaboe, K. K. M. 2018. Ocorrência sazonal de desfolhadores de Lepidópteros de amaranto e efeito de atrativos e linhas de amaranto em seu manejo. Journal of Applied Entomology, 142(7): 637645.

Oyedokun, A. V., Anikwe, J. C., Okelana, F. A., Mokwunye, I. U., & Azeez, O. M. 2011. Eficácia pesticida de extractos de folhas de três plantas herbáceas tropicais contra Macrotermes bellicosus, uma praga emergente do cacau, *Theobroma cacao* L. Journal of Biopesticides, 4(2): 131.

Pachauri, R.K., Allen, M.R., Barros, V.R., Broome, J., Cramer, W., Christ, R., Church, J.A., Clarke, L., Dahe, Q., Dasgupta, P. e Dubash, N.K., 2014. Alterações climáticas 2014: relatório de síntese. Contribuição dos Grupos de Trabalho I, II e III para o quinto relatório de avaliação do Painel Intergovernamental sobre as Alterações Climáticas. Ipcc.151.

Padin, S. B., Fuse, C. B., Urrutia, M. I., & Dal Bello, G. (2013). Toxicidade e repelência de nove plantas medicinais contra Tribolium castaneum em trigo armazenado.

Padin, S. B., Fuse, C. B., Urrutia, M. I., & Dal Bello, G. 2013. Toxicidade e repelência de nove plantas medicinais contra *Tribolium castaneum* em trigo armazenado. Boletim de Insectologia 166(1):45-49.

Pangnakorn, U., Kanlaya, S., & Kuntha, C. 2011. Eficiência do vinagre de madeira e extractos de algumas plantas medicinais no controlo de insectos. Avanços em Biologia Ambiental. 5(2): 477-482.

Paramanik, M. 2018. Bioeficiência do pó de folhas de algumas plantas medicinais contra a praga de grãos armazenados *Sitophilus oryzae* L. Wesleyan Journal of Research, 11: 4-8.

Parveen, R. & Gupta, S. K. 2020. Bioeficácia de alguns pesticidas verdes em condições laboratoriais contra *Suidasia nesbitti* Sasa (Acari: Suidasiidae) que infestam o cogumelo branco leitoso, *Calocybe indica* Purkayastha & Chandra. International Zool. Studies, 5(1): 4-5.

Patel, D., Bhandari, R., Homkar, U., Sharma, J., & Patel, R. Ocorrência, Abundância e Controlo da Associação de Insectos Principais com Plantas Medicinais em Madhya Pardesh, Índia. International Journal of Multi-disciplinary research and technology

1(4):12-19.

Patil, C. D., Patil, S. V., Salunke, B. K., & Salunkhe, R. B. 2011. Bioeficácia dos extractos das plantas Plumbago *zeylanica* (Plumbaginaceae) e *Cestrum nocturnum* (Solanaceae) contra o Aedes aegypti (Diptera: Culicide) e o peixe não visado Poecilia reticulata. Parasitology research, 108: 1253-1263.

Patil, D. S., & Chavan (Mulik), N. S. 2009. Bioeficácia de alguns botânicos contra o pulgão lanígero da cana-de-açúcar, *Ceratovacuna lanigera* Zehnter. Jornal de Biopesticidas, 2(1): 44-47.

Patnaik, S., Rout, K., Pal, S., Panda, P. K., Mukherjee, P. S., & Sahoo, S. 2011. Óleos essenciais de plantas aromáticas e medicinais como biocida botânico para a gestão do ácaro eriofídeo do coco (*Aceria guerreronis* Keifer). Psyche: 1-5.

Pavela, R., Benelli, G., Canale, A., Maggi, F., & Mártonfi, P. 2020. Explorando óleos essenciais de plantas medicinais eslovacas para atividade inseticida: O caso de *Thymus alternans* e *Teucrium montanum* subsp. jailae. Food and Chemical Toxicology, 138: 111203111208.

Pepin, N., Bradley, R.S., Diaz, H.F., Baraer, M., Caceres, E.B., Forsythe, N., Fowler, H., Greenwood, G., Hashmi, M.Z., Liu, X.D. e Miller, J.R., 2015. Elevation-dependent warming in mountain regions of the world (Aquecimento dependente da elevação nas regiões montanhosas do mundo). Mudanças climáticas naturais, 5(5): 424-430.

Pietrosiuk, A., Furmanowa, M., Kropczynska, D., Kawka, B., & Wiedenfeld, H. 2003. Parâmetros da história de vida do ácaro de duas manchas (*Tetranychus urticae* Koch) que se alimenta de folhas de feijão tratadas com alcalóides de pirrolizidina. Journal of Applied Toxicology, 23(3): 187-190.

Prajapati, V., Tripathi, A. K., Khanuja, S. P. S., & Kumar, S. 2003. Triagem anti-insectos de plantas medicinais da floresta de Kukrail, Lucknow, Índia. Pharmaceutical Biology, 41(3): 166-170.

Prakash, N. K. U., Bhuvaneswari, S., Pretehy, S., Rajalakshmi, N., Saranya, M., &Anto, J.R. Arokiyaraj, S. 2013. Estudos sobre a atividade antimicrobiana, antioxidante, larvicida, pesticida e fitoquímica das folhas de *Alangium salvifolium* (Lf) wang. Int J Pharm Pharm Sci, 5(2): 86-89.

Pumnuan, J., Insung, A., & Rongpol, P. 2009. Eficácia dos óleos essenciais de plantas medicinais em fêmeas grávidas de *Luciaphorus perniciosus* Rack (Acari: Pygmephoridae). Jornal Asiático de Alimentação e Agro-Indústria, 2(Edição Especial):410-414.

Rafiee-Dastjerdi, H., Khorrami, F., Razmjou, J., Esmaeilpour, B., Golizadeh, A., & Hassanpour, M. 2013. A eficácia de alguns extractos de plantas medicinais e óleos essenciais contra a traça do tubérculo da batata, *Phthorimaea operculella* (Zeller) (Lepidoptera: Gelechiidae). Journal of Crop Protection, 2(1): 93-99.

Rafiei-Karahroodi, Z., Moharramipour, S., Farazmand, H., & Karimzadeh-Esfahani, J. (2011). Efeito inseticida do óleo essencial de seis plantas medicinais nativas na traça da farinha indiana, *Plodia interpunctella* Hübner (Lep.: Pyralidae). Mun. Ent. Zool, 6(1):

339-345.

Rajeshwari, Y.B. *et al.* 2000. Na herbal remedy flor mange in rabbits. Indian Veterinary Medical Journal, 24(1): 69-70.

Rajkumar, S., & Jebanesan, A. 2005. Efeito larvicida e de inibição da emergência de adultos de *Centella asiatica* Brahmi (Umbelliferae) contra o mosquito *Culex quinquefasciatus* Say (Diptera: Culicidae). Jornal Africano de Investigação Biomédica, 8: 31-33.

Ray, S. & Gupta, S. K. 2013. Avaliação laboratorial de alguns pesticidas verdes contra *Brevipalpus californicus* (Banks) e *Tetranychus macfarlanei* Baker & Pritchard (Acari: Tenuipalpidae), duas pragas de ácaros de plantas medicinais em Bengala Ocidental. Environment and Ecology, 31(4A): 1915-1918.

Rehaman, S. K., Pradeep, S., Dhanapal, R., & Chandrashekara, G. V. 2018. Estudos de pesquisa sobre pragas de insetos associadas a plantas medicinais importantes em Shivamogga, Karnataka. J Entomol Zool Stud, 6(1): 848-857.

Rehaman, S.K., Pradeep, S., Dhanapal, R., Chandrashekara, G.V. 2018. Estudos de pesquisa sobre pragas de insetos associadas a importantes plantas medicinais cm Shivamogga. Karnataka. Jornal de Estudos de Entomologia e Zoologia. 6(1):848-857.

Robinson, M.M., Zhang, X. 2011. A Situação Mundial dos Medicamentos 2011. Medicamentos tradicionais: situação global, questões e desafios. Genebra: Organização Mundial de Saúde Rohini BS. Complexo de espécies de afídeos em culturas hortícolas em taluks seleccionados do distrito de Chikkamagauluru. Dissertação de Mestrado (Hort.) (Unpubl.), Universidade de Ciências Agrícolas e Hortícolas. Shivamogga, 2017, 99.

Rohini, B. S. 2017. Complexo de espécies de pulgões em culturas hortícolas em taluks selecionados do distrito de Chikkamagauluru. Tese de Mestrado (Hort.) (Unpubl.), Universidade de Ciências Agrícolas e Hortícolas. Shivamogga. 99.

Roobakkumar, A., Subramaniam, M. S. R., Babu, A., & Muraleedharan, N. 2010. Bioeficácia de certos extractos de plantas contra o ácaro vermelho, *Oligonychus coffeae* (Nietner) (Acarina: Tetranychidae) que infesta o chá em Tamil Nadu, Índia. International Journal of Acarology, 36(3): 255-258.

Roy, I. *et al.* 2011. Um relatório anotado de ácaros que infestam plantas medicinais de Bengala Ocidental, Índia. J. Bombay Nat. Hist. Soc., 108(2): 142-150.

Roy, S., & Mukhopadhyay, A. 2012. Avaliação da bioeficácia do extrato de sementes de Melia azedarach (L.) no ácaro vermelho do chá, *Oligonychus coffeae* (Nietner) (Acari: Tetranychidae). Revista Internacional de Acarologia, 38(1): 79-86.

Roy, S., Handique, G., Bora, F. R., & Rahman, A. 2018. Avaliação de certos óleos à base de plantas não convencionais contra o ácaro vermelho do chá. Jornal de Biologia Ambiental, 39(1): 1-4.

Sagheer, M., Hasan, M., Najam-ul-Hassan, M., Farhan, M., Khan, F. Z. A., & Rahman, A. 2014. Efeitos repelentes de extractos de plantas medicinais seleccionados contra o escaravelho da farinha vermelho-ferrugem, *Tribolium castaneum* (Herbst) (Coleoptera: Tenebrionidae). Jornal de estudos de entomologia e zoologia, 2(3): 107-110.

Saleem, S., Hasan, M. U., Sagheer, M., & Sahi, S. T. 2014. Atividade inseticida de óleos essenciais de quatro plantas medicinais contra diferentes pragas de insetos de grãos armazenados. Jornal de Zoologia do Paquistão, 46(5): 1407-1414.

Salick, J., Fang, Z., Byg, A. 2009. Ecologia das plantas alpinas dos Himalaias Orientais, etnobotânica tibetana e alterações climáticas. Global Environ Change. 19:147-155.

Salma, U., Kundu, S., & Gupta, S. K. 2017. Novo registro de ácaros que ocorrem em plantas medicinais e bioeficácia de Pesticidas Verdes para o manejo de *Tetranychus ludeni* zacher em *Rauwolfia serpentina* (L.) Benth. ex Kurz. Pesticide Research Journal, 29(1): 60-67.

Salunke, B. K., Kotkar, H. M., Mendki, P. S., Upasani, S. M., & Maheshwari, V. L. 2005. Eficácia dos flavonóides no controlo de *Callosobruchus chinensis* (L.) (Coleoptera: Bruchidae), uma praga pós-colheita de leguminosas para grão. Crop Protection, 24: 888-893.

Samaddar, I., Podder, S., Chakrabarti, S. & Biswas, H. 2021. Fauna de ácaros predadores em plantas medicinais e aromáticas da Reserva da Biosfera de Sundarban, Bengala Ocidental, Índia. Ata Biologica Szegediensis, 65(2): 285-298.

Sammadr, I., Biswas, H. & Gupta, S. K. 2017. Sobre os ácaros fitófagos e predadores em algumas plantas medicinais que ocorrem nas áreas de Sundarbans de Bengala Ocidental. Bionotes, 19(4): 142-144.

Sanjta, S., Chauhan, U. 2018. Incidência e diversidade de tripes e seus inimigos naturais associados em plantas medicinais. Jornal de Estudos de Plantas Medicinais. 6(1):1-2.

Santana, O., Andrés, M. F., Sanz, J., Errahmani, N., Abdeslam, L., & González-Coloma, A. 2014. Valorização de óleos essenciais de plantas aromáticas marroquinas. Natural product communications, 9(8):1109-1114.

Sarkar, M., Debnath, N. & Gupta, S. K. 2017. Registro de um novo ácaro em Vasak *(Justicia adhatoda)* em Bengala Ocidental e seu manejo com biopesticida. International J. Sci. Res., 6(9): 41-42.

Sarmah, M., Rahman, A., Phukan, A. K., & Gurusubramanian, G. 2009. Efeito de extractos aquosos de plantas no ácaro vermelho do chá, *Oligonychus coffeae,* Nietner (Tetranychidae: Acarina) e *Stethorus gilvifrons* Mulsant. Jornal Africano de Biotecnologia, 8(3):417-423.

Sathyan, T., Dhanya, M., Manoj, V., Preethy, T. A. T., &Murugan, M. 2018. Dinâmica populacional de mosca branca *(Dialeurodes Cardamomi* David e Subr.) E percevejo de renda *(Stephanitis Typicus* Dist.) em cardamomo em relação aos parâmetros meteorológicos. Journal of Insect Science, 31(1-2): 74-79.

Sengupta, A. & Gupta, S. K. 2022. A preliminary study of mites and insects occurring on plants used as ethnomedicines collected from different medicinal plant gardens of Narendrapur Campus Ramakrishna Mission (South 24 Parganas, West Bengal). Journal of Entomology and Zoology Studies, 10(3): 145-148.

Sertkaya, E., Kaya, K., & Soylu, S. 2010. Actividades acaricidas dos óleos essenciais de várias plantas medicinais contra o ácaro da aranha carmim (*Tetranychus cinnabarinus* Boisd.) (Acarina: Tetranychidae). Industrial Crops and Products, 31(1): 107-112.

Shaaya, E., & Rafaeli, A. 2007. Óleos essenciais como insecticidas bioracionais - potência e modo de ação. Conceção de insecticidas utilizando tecnologias avançadas,: 249-261.

Shanker, C., & Uthamasamy, S. 2014. Avaliação de algumas plantas medicinais e suas misturas quanto à sua bioeficácia contra pragas de culturas e produtos armazenados. Arquivos de Fitopatologia e Proteção de Plantas, 43(2): 140-148.

Sharma, B., & Kumar, P. 2009. Bioeficácia de Lantana camara L. contra alguns agentes patogénicos humanos. Jornal Indiano de Ciências Farmacêuticas, 71(5): 589-593.

Sharma, M., Sharma, A., & Ram, N. 2013. Bioeficácia de pesticidas não convencionais contra *Tetranychus urticae* Koch infestando ashwagandha (*Withania somnifera* Dunal). Gestão de pragas em ecossistemas hortícolas, 19(2): 254-255.

Sharma, P. C., Kumar, A., Mehta, P. K., & Singh, R. 2014. Estudos de pesquisa sobre pragas de insetos associadas a plantas medicinais importantes em Himachal Pradesh. Indian J Sci Res Technol, 2(4): 2-7.

Silva, V. A. et al. 1991. Estudo neurocomportamental do efeito de um mirceno em roedores. Revista Brasileira de Pesquisa Biológica Medicinal, 24(8), 827-31.

Singh, A., & Kaur, J. 2015. A bioeficácia de extractos brutos de *Azadirachta indica* (Meliaceae) na sobrevivência e desenvolvimento de larvas causadoras de míase de *Chrysomya bezziana* (Diptera: Calliphoridae). Tropical animal health and production, 48(1): 117124.

Strang, R. (2004). Biological control of plant, medical and veterinary pests (Controlo biológico de pragas vegetais, médicas e veterinárias). H. Kleeberg (Ed.). Trifolio-M Gmbh.

Suchithra Kumari, M.H., e Srinivas, M.P., 2018. Pragas que atacam plantas medicinais e aromáticas na Índia: uma revisão. Jornal de Estudos de Entomologia e Zoologia, 6(5): 201-205.

Sudão, M., Pervaiz, P. A., & Tara, J. S. 2015. Impacto dos fatores climáticos na dinâmica populacional de *Anosia chrysippus* infestando *Calotropis procera*, uma planta medicinal na região de Jammu de Jammu e Caxemira, Índia. Jornal de Entomologia e Estudos Zoológicos, 3(5):254-257.

Talebi, A. A., Rakhshani, E., Fathipour, Y., Stary, P., Tomanovic, Z.,& Rajabi-Mazhar, N. 2009. Afídeos e seus parasitóides (Hym., Braconidae: Aphidiinae) associados a plantas medicinais no Irão. American-Eurasian Journal of Sustainable Agriculture, 3(2): 205-219.

Taylo, L. D., & Magdalita, P. M. 2021. Incidência de pragas de insectos no germoplasma de *Hibiscus rosa sinensis* L. no viveiro de plantas. Philippine Science Letters, 14(01): 130-138.

Teixeira, R. D. O., Camparoto, M. L., Mantovani, M. S., & Vicentini, V. E. P. 2003. Avaliação de duas plantas medicinais, *Psidium guajava* L. e *Achillea millefolium* L., em ensaios in vitro e in vivo. Genética e Biologia Molecular, 26(4), 551-555.

Tewary, D. K., Bhardwaj, A., & Shanker, A. 2005. Actividades pesticidas em cinco plantas medicinais colhidas no meio das colinas dos Himalaias ocidentais. Industrial crops and Products, 22: 241-247.

Thomas, R., Sah, N. K., & Sharma, P. B. 2008. Therapeutic biology of *Jatropha curcas: a* mini review. Biotecnologia farmacêutica atual, 9(4): 315-324.

Valarini, P.J., Frighetto, R.T.S., Spadotto, C.A. 1996. Potencial da erva medicinal Cymbopogon citratus para o controle de patógenos e plantas daninhas na cultura do feijão irrigado. Científica, 24(1): 199-214.

Vanichpakorn, P., Ding, W., Cen, X. X. 2010. Atividade inseticida de cinco plantas medicinais chinesas contra larvas de Plutella xylostella L. Jornal de Entomologia da Ásia-Pacífico 13: 169-173.

Veeraragavan, S., Duraisamy, R., & Mani, S. 2018. Prevalência e sazonalidade de pragas de insetos na planta medicinalmente importante Senna alata L. sob clima tropical na costa de Coromandel, na Índia. Geologia, Ecologia e Paisagens, 2(3): 177-187.

Venkatesha, M. G. (2006). Ocorrência sazonal de *Henosepilachna vigintioctopunctata (F.)*(Coleoptera: Coccinellidae) e seu parasitoide em Ashwagandha na Índia. Journal of Asia-Pacific Entomology, 9(3), 265-268.

Vijay, S., Suresh, S. 2013. Pragas de coccídeos de flores e culturas medicinais em Tamil Nadu. Jornal de Ciências Agrícolas de Karnataka. 26(1):46-53.

Welch, R.M., Graham, R.D. 2004. Breeding for micronutrients in staple food crops from a human nutrition perspective. J Exp Bot. 55: 353-364.

Organização Mundial de Saúde, 2017. Estratégia da OMS para a medicina tradicional 2002-2005. Genebra: Organização Mundial da Saúde; 2002.

Xiang, L., Gong, S., Yang, L., Hao, J., Xue, M., et al. 2016. Potencial de biocontrolo de fungos endofíticos em plantas medicinais do Jardim Botânico de Wuhan na China. Controlo Biológico 94: 47-55.

Yan, Z., Zhang, Q., Zhang, N., Li, W., Chang, C., Xiang, Y., Xia, C., Jiang, T., He,W., Luo, J. & Xu, Y. 2020. Repelência de quarenta e uma espécies de plantas aromáticas ao psilídeo cítrico asiático, vetor da bactéria associada ao huanglongbing. Ecologia e Evolução, 10(23): 12940-12948.

Yang, Y. C., Lee, E. H., Lee, H. S., Lee, D. K., & Ahn, Y. J. 2004. Repelência de extractos de plantas medicinais aromáticas e de um destilado a vapor contra o *Aedes aegypti*. Journal of the American mosquito control association, 20(2): 146-149.

Yankanchi, S. R., & Lendi, G. S. 2009. Bioeficácia de certos pós de folhas de plantas contra o escaravelho do pulso, *Callosobruchus chinensis* L. (Coleoptera: Bruchidae). Bio. Forum Int. J 1(2):54-57.

Yi, J. H., Park, I. K., Choi, K. S., Shin, S. C., & Ahn, Y. J. 2008. Toxicidade de extractos de plantas medicinais para *Lycoriella ingenua* (Diptera: Sciaridae) e *Coboldia fuscipes*

(Diptera: Scatopsidae). Jornal de Entomologia da Ásia-Pacífico, 11(4): 221-223.

You, J., Qin, X., Ranjitkar, S., Lougheed, S. C., Wang, M., Zhou, W., Ouyang, D., Zhou, Y., Xu, J., Zhang, W., Wang, Y., Yang, J., Song, Z. 2018. Resposta às alterações climáticas das plantas herbáceas montanhosas do género Rhodiola prevista pela modelação do nicho ecológico. Sci Rep., 8: 5879.

Zhang Y, Zheng L, Zheng Y, Xue S, Zhang J, *et al.* 2020. Visão sobre a montagem do microbioma associado à raiz na planta medicinal *Polygonum cuspidatum*. Industrial Crops and Products 145: 112163.

Zhang, J. T., Xu, B., Li, M. 2011. Diversidade de comunidades dominadas por Glycyrrhiza uralensis, uma espécie de planta medicinal ameaçada de extinção, ao longo de um gradiente de precipitação na China. Bot Stud, 52: 493-501.

Zhang, J. Z., Zhu, R. W., Zhong, D. L., Zhang, J. Q. 2018. Nunataks ou maciço de refúgio? Um estudo filogeográfico de *Rhodiola crenulata* (Crassulaceae) nas ilhas do céu mais altas do mundo. BMC Evol Biol, 18: 154.

Zhang, Y., Bielory, L., Georgopoulos, P. G. 2014. Efeito das alterações climáticas nas estações polínicas de Betula (bétula) e Quercus (carvalho) nos EUA. Int J Biometeorol, 58: 909-919.

Ziello, C., Sparks, T. H. , Estrella, N., Belmonte, J., Bergmann, K. C., Bucher, E., Brighetti, M.A., Damialis, A., Detandt, M., Galán, C., Gehrig, R., Grewling, L., Gutiérrez Bustillo, A. M. , Hallsdóttir, M., Kockhans-Bieda, M. C., De Linares, C., Myszkowska, D., Páldy, A., Sánchez, A., Smith, M., Thibaudon, M., Travaglini, A., Uruska, A., Valencia-Barrera, R. M., Vokou, D., Wachter, R., de Weger, L. A, Menzel, A. 2012. Changes to airborne pollen counts across Europe (Alterações nas contagens de pólen transportado pelo ar em toda a Europa). PLoS One, 7: e34076.

Printed by Books on Demand GmbH, Norderstedt / Germany